U0251659

本书内容的研究受到国家重点研发计划项目（2022YFD1602204）
中央级公益性科研院所基本科研业务费专项（S2023008）
四川省科技计划项目（2023ZYD0079&2018JY0450）
四川旅游学院"川旅英才"计划、校级团队项目（22SCTUTG01）等的支持

花椒风味评价及
生物资源利用

主　编　乔明锋
参编人员　蔡雪梅　袁　灿　何　莲
　　　　　赵欣欣　苗保河　韩富军

四川大学出版社
SICHUAN UNIVERSITY PRESS

图书在版编目（CIP）数据

花椒风味评价及生物资源利用 / 乔明锋著. — 成都：
四川大学出版社，2024.3
（博士文库）
ISBN 978-7-5690-6552-7

Ⅰ. ①花… Ⅱ. ①乔… Ⅲ. ①花椒—研究 Ⅳ.
① S573

中国国家版本馆 CIP 数据核字（2024）第 023313 号

书　　名：花椒风味评价及生物资源利用
　　　　　Huajiao Fengwei Pingjia ji Shengwu Ziyuan Liyong
著　　者：乔明锋
丛 书 名：博士文库

丛书策划：张宏辉　欧风偃
选题策划：曾　鑫
责任编辑：曾　鑫
责任校对：王　锋
装帧设计：墨创文化
责任印制：王　炜

出版发行：四川大学出版社有限责任公司
　　　　　地址：成都市一环路南一段 24 号（610065）
　　　　　电话：（028）85408311（发行部）、85400276（总编室）
　　　　　电子邮箱：scupress@vip.163.com
　　　　　网址：https://press.scu.edu.cn
印前制作：四川胜翔数码印务设计有限公司
印刷装订：成都金龙印务有限责任公司

成品尺寸：170 mm×240 mm
印　　张：13.5
字　　数：253 千字

版　　次：2024 年 5 月 第 1 版
印　　次：2024 年 5 月 第 1 次印刷
定　　价：69.00 元

扫码获取数字资源

四川大学出版社
微信公众号

前　言

花椒为我国传统"八大调味品"之一，是我国部分地区家庭烹调、食品加工业及餐饮业的必需品。我国作为世界花椒栽培面积、产量第一的大国，其种植主要分布于陕西、甘肃、四川、山东、江苏、安徽等地区，资源十分丰富。国内外对于花椒风味评价及其生物资源利用的研究较热门。本书综述了花椒风味评价方法及资源利用研究进展，介绍了如何利用智能感官和分子感官等现代仪器设备对花椒进行风味物质检测，分析了不同产地、不同生长期、不同加工方式等对花椒风味物质变化的影响，并研究了花椒叶化学成分及生物活性成分，优化了花椒新产品的最佳工艺参数，为完善花椒风味评价相关技术方法、花椒应用、相关产品的开发、副产物生物资源利用研究提供指导，为花椒其他潜在资源研究工作提供有价值的参考数据。具体内容有以下两个方面。

（1）花椒风味评价研究

以花椒为研究对象，研究了不同地区、不同生长期、不同加工方式对花椒挥发性风味物质（主要为酯类、醛类、烯类、醇类等）、非挥发性风味物质（主要分为酰胺及生物碱类、香豆素及酮类和有机酸及脂类）的影响，通过电子鼻、电子舌、气质联用、液质联用、气相离子迁移联用等检测分析方法，分析不同因素对花椒成分物质影响的差异性变化，对完善花椒风味评价技术方法起到一定的促进作用。

（2）花椒资源开发研究

研究了花椒副产物花椒叶的化学成分及其生物活性，通过抑菌检测试验研究花椒生物活性物质对于不同细菌的抑菌效果，同时，研究花椒叶在不同生长期化学成分含量的差异性变化以及该化学物质的功能性质，给出更多利用花椒叶这一资源的可能性。通过感官评价、电子鼻、电子舌、气质联用等相关检测分析方法，制定产品感官指标，研究开发了花椒芽炒鸡蛋、花椒叶椒盐曲奇、花椒酒等与花椒相关新产品并优化了相关工艺配方，得出了产品最佳工艺参数，拓宽了花椒相关产品的研发道路，为后续花椒相关产品的开发提供科学可靠的数据参考。

本书适合科研人员、工程技术人员、高等学校食品科学专业教师与研究生及高年级本科学生参考使用。由于著者水平有限，书中有待改进的地方仍有很多，恳请读者批评指正。

感谢中国农科院都市农业研究所苗保河研究员、四川旅游学院范文教研究员的指导。本书受到国家重点研发计划项目（20222YFD1602204）、中央级公益性科研院所基本科研业务费专项（S2023008）、四川省科技计划项目（2023ZYD0079 & 2018JY0450）、四川旅游学院"川旅英才"计划及校级团队项目（22SCTUTG01）等的支持。

目　录

第一部分　花椒风味研究

第二部分　花椒生物资源利用研究

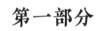

第一部分

花椒风味研究

第 1 章　文献综述

1.1　选题依据

随着食品工业化发展和消费者对麻辣口味喜爱程度的提高，花椒需求一路高歌，2018—2020 年，市场需求带动花椒热潮，全国花椒总产量达到历史新高，也导致了花椒供求关系的逆转。

花椒的种植面积、基地产量、行业需求量正在不断上涨，但其应用范围及产业效益基本集中在烹调加工、复合调味品加工、餐饮行业当中，其他方面利用较少，导致花椒资源需求大都集中于花椒果皮本身，而忽略其副产物资源的开发利用。我国作为世界花椒栽培面积、产量大国，花椒资源十分丰富。全世界花椒属约 250 种，主要分布于东亚和北美，在我国约有 50 多种，除东北、内蒙古等少数地区外，其他地区均有栽培，如今已形成陕西韩城、山东泰安、云南古律以及四川的汉源、茂汶、洪雅、金阳和重庆的江津等全国闻名的花椒种植产区基地。公开数据显示，2012 年以来，我国花椒产量基本维持在 30 万吨以上。

国内众多花椒主产区数据显示，我国花椒栽种面积约 1728.4 万亩，且种植面积和果实产量日益增长，扦插繁殖技术也已经比较成熟，主要存在的是花椒苗种子繁育的技术问题。由于花椒果实和种子的发育不依靠授粉受精，为单性结实，属于不发生雌雄配子核融合的无性生殖方式，难以进行杂交育种，因此花椒的传统育种以选择育种为主，其中用到的繁殖方式分为实生、嫁接、扦插等。

花椒大多以整粒散装的形式进行销售，市场上流通的花椒加工产品主要有花椒粉、花椒调味油、花椒精油、花椒籽加工品、花椒油树脂、花椒芽酱等，对花椒枝叶、果皮、花椒籽的研究和开发仅限于食品加工和低价值日化产品，医疗、保健、饲料、肥料、日化等领域的研究正处于试验阶段，尤其是年产量巨大的副产物花椒籽和花椒叶,几乎未得到有效的利用。

因此,除了在传统的调味品行业中开发新产品,花椒在化工、医疗、工业领域都具有巨大的发展潜力,在副产物花椒籽和花椒叶资源方面,研究发展途径更是多源,且可以转化为我国的经济效益和生态效益。因此,为促进花椒产业整体资源的发展,增加花椒产业在各个方面的效益,深入研究花椒资源的开发利用十分必要。

1.2 花椒概述

1.2.1 花椒起源与历史

花椒(学名:*Zanthoxylum bungeanum Maxim*)是芸香科、花椒属落叶小乔木,又被称为大椒、蜀椒、南椒。由于果皮暗红,上面密生粒状突出的腺点呈斑状形似花,花椒之名由此而来。花椒植株高可达3~7m,茎干上的刺常早落,枝有短刺,小枝上的刺基部宽而扁且为劲直的长三角形状;叶有小叶片,叶轴常有狭窄的叶翼,小叶片为对生,无柄,通常为卵形、椭圆形或稀披针形,位于叶轴顶部的较大,近基部的有时为圆形。叶缘有细裂齿,齿缝有油点,其余无或散生肉眼可见的油点。中脉在叶面微凹陷处,叶背干后常有红褐色斑纹。花序顶生或生于侧枝之顶,花序轴及花梗密被短柔毛或无毛;花被片为黄绿色,形状及大小大致相同;雌花很少有发育雄蕊,有心皮,花柱斜向背弯。果紫红色,单个分果瓣散生微凸起的油点,顶端有甚短的芒尖或无;4—5月开花,8—9月或10月结果。

花椒原产于中国,《诗经》里有"有椒其馨"的诗句。花椒在《中国药典》与《神农本草经》中均有记载。其最早被发现具有一定的药用价值,在东汉时期作为香辛料得到更加广泛的应用。《诗经》讲到一个男子在舞会上收到姑娘送的一束花椒作为定情物的故事,说明中国人在两千多年前已经在利用花椒了。古人认为花椒的香气可辟邪。用花椒渗入涂料以糊墙壁,这种房子称为"椒房",《曹操文集》"假为献策收伏后"篇及《红楼梦》第十六回中的"每月逢二、六日期,准椒房眷层入宫请候"之句足以佐证。花椒树,结果较多,《诗经》有"椒蓼之实,繁衍盈升"之句,寓意子孙后代繁衍兴旺。花椒是一种芳香防腐剂,发掘的汉墓中常有以花椒的果实填垫内棺的,很可能是利用它的高效防虫防腐作用,同时,也带有"繁衍盈升"多子多孙的说法,在中国河北省满城县发掘的汉代中山王刘胜墓(公元前113年)的出土文物中有保存良好的花椒。花椒被用作调味品始于南北朝时期。《齐民要术》一书有关于花椒在烹调中使用的诸多记录，例如"花椒脯腊"等。此后，花椒渐渐赢得了百姓喜爱，成为人们日常饮食生活中必不可少的调味品，其特有的味道，迷醉了天下人。最具有代表性的"麻辣"味川菜喜用花椒，善用花椒，清代傅崇矩著《成都通览》中就记载了不少花椒名菜。

关于花椒名的来源，传说三皇五帝时期，有一处临江小镇，住着一对小夫妻，名叫椒儿和花秀。有一年，神农到临江察访民情，碰巧在他们家吃饭，觉得菜中有一股芳香醇麻气味，仔细一问，得知里面放有一种从"宝树"上采回晒干磨成细末做成的香料。于是神农分别取花秀和椒儿名字的第一字为宝树命名：花椒。

花椒发展至今，已是我国餐饮行业、家庭烹饪常使用的重要调味料，而且也是一种常见的中药材，其果实、根、茎和叶都可作药用，具有驱寒、杀虫、除湿的作用。

1.2.2　花椒品质特征

花椒属植物中的化学成分非常丰富，其化合物的结构都非常有特点，主要成分有挥发油、酰胺、香豆素、黄酮、三萜和甾醇等。近年来，在川菜及四川、重庆火锅的烹饪调味中，花椒的使用比例非常大，在花椒需求量方面占据了非常重要的地位。

花椒具有如此重要地位的原因是花椒中的风味成分，即酰胺类物质和挥发油。其酰胺类物质是构成花椒辛麻味感的主要成分；挥发油是花椒香味的重要源头，对花椒品质评价有很大的作用，因此酰胺类物质和挥发油物质的研究是评价花椒品质的重要导向。同时，花椒精油及花椒叶提取物也表现出许多的生物活性功能。如龚晋文等研究发现花椒叶提取物对金黄色葡萄球菌、枯草芽孢杆菌和大肠杆菌，均有一定的抑菌效果；范菁华等研究证明花椒叶中的黄酮成分是一种很好的天然抗氧化剂；吕可等研究发现，花椒叶浸提液可以促进根际蛋白酶、多酚氧化酶、过氧化氢酶和酸性磷酸酶活性，抑制蔗糖酶的活性，同时抑制非根际土中的蛋白酶、过氧化氢酶和酸性磷酸酶活性，促进非根际土中的蔗糖酶和多酚氧化酶活性。此外，花椒叶提取物还有许多其他生物活性功能，如化感作用、抗癌活性，还具有一定的杀虫作用等。

1.2.3　花椒生产加工现状

花椒是我国重要的食用香辛料，种植资源丰富，我国鲜花椒产量超过

1000万吨。在加工模式上，国内各大花椒主产区实行"公司＋基地＋合作社＋农户"的供应链模式，通过与基地、合作社合作，定向收购原料，保证了企业原料采购渠道的稳定性，同时增加了农民收入。这种定向采购模式，带动了全国主产区较多农户种植花椒，实现二产带动一产，在稳定花椒需求量供应的同时，推动花椒经济效益的发展。

对花椒加工、设备工艺技术的持续创新和应用，不仅让花椒这一中国特色香辛料的风味得到全方位呈现，而且有效解决了花椒副产物浪费问题，将花椒副产物"变废为宝"。研究发现，花椒籽粕中蛋白质含量高达60%，粗蛋白质中必需氨基酸（EAA）种类丰富，可作为一种新型的蛋白质资源，可部分替代大豆粕，有利于保障我国"粮食安全"。同时，花椒深加工产业链将继续通过技术创新，将花椒产业链向高新技术领域延伸，积极创建省级香辛料研发平台，进一步加快花椒产业科技成果转化，为花椒产业发展和乡村振兴贡献力量。

花椒产业属于农业产业的重要组成部分，在整个农业产业中均占据较高的地位。花椒产业的发展，不但能够进一步扩大花椒种植规模，并且可实现花椒种植技术、采摘技术水平的有效提升，从而使花椒种植能够得到更高的产量，使花椒种植效益实现有效提升。

另外，花椒产业的发展能够为农民增收提供更加宽广的渠道及途径，有利于农民收入的增加，使农民的经济水平及生活质量得以提升。同时，花椒产业发展有利于整个农业产业结构的进一步优化，使农业产业结构实现更好的调整，进而实现农业产业的更理想发展，因而花椒产业发展具有重要意义及价值。

1.2.4 花椒应用趋势

市场上花椒的初级产品和精深加工产品主要集中在食品领域，食用花椒油和花椒调味料的风味、感官品质提升仍是食用花椒的重点研究方向。在花椒精深加工应用方面，围绕将花椒"吃干榨净"的研发思路，在餐饮调味行业相关产品方面进行创新，开发利用丰富的花椒产物资源，其主要包括以下3个方面：

（1）花椒果皮的开发利用

花椒果皮因为其特殊香麻味，主要以干燥完整颗粒、打碎的花椒粉末，或者利用果皮提炼的花椒油运用于餐饮烹饪过程中进行调味，但还是以干花椒颗粒为主要消费。首先，随着餐饮创新发展，已经开始发展花椒混合调味料用于

预制菜的烹饪调味以及方便小吃的新口味开发，如藤椒味的方便面、卤制小吃
等。其次，在其他小吃饮品中，开发花椒相应的产品，如花椒冰淇淋、川辣子
仙露等。花椒除去自身用于餐饮烹饪方面，医药产品、保健用品、日化用品等
花椒油衍生产品也正在创新试验阶段，如 Artaria 等研究表明，花椒挥发油有
一定的改善皮肤皱纹的作用，虽然作用没有肉毒素强，但就安全性来说，花椒
挥发油是更好的选择；游玉明等研究发现，花椒麻素具有一定的抗氧化能力，
能够较强地清除自由基，且在一定质量浓度范围内，能有效降低 HepG2 细胞
内的 MDA 含量，增加 SOD 活力。

（2）花椒籽的开发利用

花椒籽是花椒的第一大副产物，含有丰富油脂、多种营养物质以及生物活
性成分。研究表明，花椒籽油脂含量为 27%～31%，低于菜籽及花生中的油
脂含量而高于大豆和棉籽中的油脂含量，属于中等含油量的农产品，主要利用
花椒籽丰富的油脂、粗纤维和蛋白资源，研发生产生物柴油、花椒籽仁油、花
椒籽皮油、花椒籽壳花椒籽蛋白、花椒籽油粕等产品，年加工量可达几万吨，
相关产品已广泛应用于饲料及食品等领域。

（3）花椒叶的开发利用

花椒叶是花椒另一产量巨大的副产物，富含多种生物活性物质，如挥发
油、黄酮、多酚、多糖、酰胺等，对其开发研究主要集中于其有效成分的生物
功能运用，如挥发油成分的抗氧化活性、黄酮类化合物的抗癌、抗肿瘤、抗
炎、抗病毒等作用，多糖作为植物源防腐剂用于熟食食品，酰胺类成分化合物
的麻醉、抑菌杀虫、祛风除湿等功能。少数相关研究表明，花椒叶成分与果实
基本一致，可代替其部分功能作用，有巨大的开发利用价值。

随着科技的进步及相关政策的倾斜，花椒整体资源的开发利用将会越来越
精深，在提高花椒果实加工转化率的同时，加强利用花椒副产物，拓宽花椒食
用、药用、工业生产使用范围，是实现花椒资源增值的有效途径。

1.3　花椒风味物质概述

1.3.1　花椒麻味

花椒最大的滋味特点是麻，但严格来说，麻并不是味觉，也没有辣导致的
疼痛程度，也不属于痛觉，是由于花椒进入口腔激发皮肤下的神经纤维 RA1，
刺激肌肉快速震颤，产生近乎 50Hz 震动，因而花椒产生的"麻"属于一种

触觉。

花椒麻味主要来源于花椒果皮中最重要的呈麻化合物：花椒麻素。因为一系列花椒麻素都含有酰胺基团，因此，花椒麻素也称作花椒酰胺。花椒麻素通常有两个或多个共轭双键，高度不饱和且呈麻味，1995 年，研究学者鉴定出花椒麻素中的第一个特征结构化合物，随着现代分离检测技术和化学合成技术的发展，新的花椒麻素不断涌现。最先从日本花椒中分离并标识具有 4 个双键顺式构型的羟基-α-山椒素，是花椒果皮中最早分离出来的花椒麻素和食物中最主要诱发独特刺激感和麻木感的化合物。此后，研究人员发现花椒麻素引起麻味的关键结构除了基础的最小结构单元外，还应至少有以下 3 个特征中的 2 个：①R 为羟基；②与酰胺羰基的扩展共轭 $n=2$；③顺式烯烃的碳链长度大于 2。

迄今为止，已从花椒果皮中分离并鉴定出超过 25 种花椒麻素，包括羟基-α-山椒素、α-山椒素、羟基-β-山椒素、β-山椒素、γ-山椒素、δ-山椒素及其衍生物等，结构都为链状不饱和脂肪酸酰胺。花椒麻素中主要提供麻味的是羟基-α-山椒素、羟基-β-山椒素等长链脂肪酰胺类化合物，均具有强烈的刺激性、Sugai 等将这种独特刺激性具体分为 3 种：灼烧感、刺痛感和麻木感。不同麻味物质对人体产生的具体刺激感觉不同，例如，羟基-α-山椒素主要产生刺痛的感觉，δ-、γ- 和 α-山椒素产生灼烧的感觉，而 β-山椒素、羟基-β-山椒素则主要产生麻木的感觉等。

研究学者认为花椒麻素的这种独特感觉可能是山椒素类化合物激活了体感神经细胞而产生。但究竟是如何激活，学者们持两种观点：一种观点是经体外实验证明，羟基-α-山椒素可通过激活热敏离子通道（TRPV1）和瞬时受体电位离子通道（TRPA1），引起感觉神经元极化，Ca^{2+} 流入细胞内，产生内向电流，从而使大脑感受到辛麻；另一种观点是羟基-α-山椒素阻断双孔钾离子通道 KCNK3、KCNK9 和 KCNK18 从而激活体感神经元。

花椒在新鲜的状态下和放置已久的状态下，其产生的"麻"的感觉不一样。一般来说，新鲜的花椒产生的"麻"因为羟基-α-山椒素的大量存在会更剧烈、更上头；而放置已久的陈年花椒，由于果皮所含的羟基-α-山椒素在紫外线影响下异构化为羟基-β-山椒素，因而会失去其独特刺痛感，但同时又保持其麻木感。花椒麻素短时间暴露于干燥的空气中时，可发生剧烈的氧化或聚合反应，分解形成深色的黏稠膏状化学物质，但是其发生聚合反应的机制尚不清楚。

1.3.2　花椒香气

花椒的整体香气形成是由内含的多种香气成分间协调和拮抗的结果，因不同种类花椒中含的香气成分的含量和种类均有所差别，从而形成了不同的花椒香气类型。红花椒的香气属浓郁型，青花椒及藤椒的香气属清香型。从花椒总体香气成分含量来看，以藤椒最高，青花椒次之，红花椒最低。

花椒包括果皮和黑色的籽，其"麻、香"味是花椒主要的风味特征，而花椒的香气成分主要来自果皮中所含的挥发性物质，研究表明，新鲜花椒果皮中的香气成分种类多达 120 种，且挥发油含量可高达 11%。挥发性物质是其香味物质的表征成分，决定花椒香气质量的高低，而香气质量也是花椒的重要感官指标之一。

从花椒中鉴定出来的挥发性成分有 300 种左右，主要是烯烃类、醇类、醛类、酮类和酯类等物质。其中烯烃 60 种、醇类 60 种、酯类 40 种、醛类 40 种、酮类 30 种、酸类 20 种、其他 50 种。烯烃中被报道鉴定出来次数较多的成分有 α-蒎烯、β-蒎烯、α-侧柏烯、月桂烯、柠檬烯、桧烯、α-水芹烯、α-松油烯、γ-松油烯、β-石竹烯，醇类中被报道鉴定出来次数较多的成分有芳樟醇、橙花醇、香叶醇、橙花叔醇、4-萜烯醇，酯类中被报道鉴定出来次数较多的成分有乙酸芳樟酯、乙酸香叶酯、乙酸橙花酯、乙酸龙脑酯、乙酸松油酯、乙酸苯乙酯，醛类中被报道鉴定出来次数较多的成分有枯茗醛、香茅醛、橙花醛、紫苏醛、癸醛，酮类中被报道鉴定出来次数较多的成分有 α-侧柏酮、β-侧柏酮、胡椒桐、香芹酮。

花椒中鉴定出来的挥发性成分并不是每个成分都对花椒的香气有贡献，在构成天然风味的若干种挥发性成分中，真正对风味有贡献的仅是很少的一部分。GC-MS 能给出挥发性物质组成而无法给出哪些是香气活性物质及其对整体风味的贡献情况，只有进行气相色谱-嗅闻（GC-O）联用仪分析时能被嗅闻到香气活性成分才是真正对花椒的香气有贡献的成分，也称为关键香气成分，且此成分化合物的稀释因子（也称 FD 因子，是一种风味化合物所能感知到的最后的一个稀释度）越高，对花椒整体的风味贡献就越大。研究表明，青花椒中关键香气成分主要有 β-蒎烯、α-萜品烯、γ-萜品烯、萜品油烯、α-水芹烯、月桂烯、柠檬烯、（E）-β-罗勒烯、β-金合欢烯、香叶醇、4-萜烯醇、芳樟醇、香茅醛、癸醛、十一醛、乙酸香叶酯；红花椒中香气活性物质主要有己醛、月桂烯、柠檬烯、1,8-桉叶素、芳樟醇、苯乙醇、4-甲基苯乙酮、反式-香芹酚。

1.3.3 其他风味

花椒除了具有特征的麻香味，还具有甜味、苦味、涩味、腥异味，与特征明显的风味相比，这几种风味存在感比较弱，但也在整个烹饪调味中起着重要的作用。花椒中的甜味能够丰富味感层次以及辅助滋味和谐感，对于滋味较轻、清爽醇厚的味型影响较为明显；苦味和涩味是花椒在烹调过程中随着时间增加而持续释放出来的，通常不被人们喜欢，但苦味、涩味有一个非常关键的解腻作用，烹饪花椒时控制好入锅的时间，就能恰当地控制花椒的苦、涩味，可以让许多容易腻口的菜肴变得更加清爽；花椒中的腥异味主要有腥臭味、干柴味、木耗味、木腥味和油耗味五种，且花椒中的腥异味能够很好地去除动物制品的腥味、膻味、臊味。

此外，花椒风味差异还受其他因素影响。研究发现，首先，成熟期花椒叶与芽期和生长期花椒叶在香味上有明显差异。从不同生长期对花椒叶挥发性风味变化的影响来看，从样品中检测到的挥发性化合物数量随生长期变化呈逐渐减少趋势，说明花椒叶从芽期到成熟期的生长过程中，风味物质的数量在逐渐减少。其次，由于花椒种植产地不同，与当地气候条件、土壤水分和光照强度等生长环境相适应的过程中所产生的次生代谢产物挥发性物质在含量及组成结构上亦会存在一定差异。如郝旭东等研究表明四个不同地区大红袍花椒中挥发性物质的组成及含量具有较大的差异；陈光静等研究发现不同产地红花椒挥发油差异较大，样品间挥发油组分不同，相同组分间其含量也有一定差异；魏泉增等利用GC—MS检测以及聚类分析和主成分分析，证明不同产地花椒的香味物质的差异明显。此外，不同成分化合物的稀释因子不一样，也会在一定程度上影响花椒整体香气之间的协调偏向性。

1.4 花椒风味评价方法

食品风味是食品质量评价的关键指标。由于食品风味成分含量高、组成复杂、易挥发且不稳定，传统的生物感官评价方法不能更加深层次地探究风味成分对食品的影响。随着科学技术的发展与进步，出现了模仿人体感官进行风味评价的智能感官检测仪器，如电子鼻、电子舌等。此外，在不同条件需求情况下，还会选择气相色谱—质谱联用（GC—MS）、气相色谱—离子迁移谱联用（GC—IMS）、液相色谱—质谱联用（HPLC—MS）等仪器设备进行风味物质的检测、分离、分析，使得食品风味评价分析更加科学与准确。

1.4.1　感官评价方法

感官评价，又称为感官分析，是以人的感觉为基础，通过视觉、嗅觉、味觉、听觉去感知产品特性的一门实用性科学检验方法，具有实用性强、灵敏度高、易操作、费用低等特点。国家市场监督管理总局颁布的感官分析术语中，将感官分析定义为用感觉器官对产品感官特性进行评价的科学。感官分析起源于食品领域，在 20 世纪 40 年代的美国，为了提高军队食品的感官风味，达到营养美味的目的，相关学者开始研究食品的感官属性，并逐渐形成了感官分析技术。感官分析是以食品理化分析为基础发展起来的学科，在食品研究领域中，主要应用于新产品开发、质量控制、消费市场研究等方面。

随着食品科学的不断发展，感官分析成为食品品质评价的主要手段，能够直接反映出消费者对于食品整体的接受程度，但是该方法不易标准化，在评价中易受评价员的嗜好、品味等主观因素的影响，导致实验结果的可靠性、可比性差，主观性强，误差较大，费时费力，且其过程复杂，不便于经常广泛地开展，使其应用受到一定程度的限制。现阶段，人工智能感官技术发展很快，整体的可靠性、重复性、协调性比生物感官评价要好，但存在信息丰富度不足的问题。传统的生物感官评价在时间和速度方面稍微逊色一点，但在消费者嗜好方面却比人工智能感官体现得更加直观和具体，所以，传统的生物感官在食品研究邻域也是不可或缺的存在。

花椒感官评价标准见表 1-1。

表 1-1　鲜花椒及冷藏花椒、干花椒、花椒粉感官指标

项目	鲜花椒及冷藏花椒	干花椒	花椒粉
油腺形态	油腺大而饱满	油腺凸出，手握硬脆	—
色泽	青花椒呈鲜绿或黄绿色，红花椒呈鲜红色或紫红色	青花椒绿色或绿褐色，红花椒鲜红或紫红色	青花椒粉为棕褐色或灰褐色，红花椒粉为棕红或褐红色
气味	清香、芳香，无异味	清香、芳香，无异味	芳香，舌感麻味浓、刺舌
杂质	无刺、霉腐粒，具种子，或果穗具 1~2 片复叶及果穗柄	"闭眼椒"、椒籽含量≤8%，果梗≤3%，霉粒≤2%，无过油椒	—

1.4.2 电子鼻方法

人类的鼻子约有 400 个气味受体，至少能够检测到 1 万亿种气味，也就是所说的生物嗅觉系统。生物嗅觉系统包括嗅觉受体细胞、嗅球和大脑皮层三个部分，它能够帮助人类获取自然界的信息并把这些信息进行转化处理。当气味分子附着在嗅觉受体细胞上时，会使得受体细胞产生电信号，该电信号在鼻腔初步处理后传递到嗅球，并在此进行进一步加工处理，之后传递到大脑皮层，对气味信息进行解码处理，从而得到识别结果，但人的大脑皮层不能分析出检测到的气味的本质是什么物质，而电子鼻就可以解决人脑的这一短板。

电子鼻又称气味指纹图谱技术，是一种模拟生物嗅觉功能的人工嗅觉系统。它结合了气敏传感器技术与人工智能技术，对检测对象特定挥发性成分或气体提供气味指纹图谱，通过模式识别做定性或定量的分析、识别和检测，实现品质评价。相较于其他智能感官仪器及人体感官，电子鼻优点在于响应时间短、检测分析速度快、重复性好，并且能有效避免人为误差。

电子鼻的基本结构与生物嗅觉系统相似，一个完整的电子鼻系统包含气体传感器阵列、信号预处理单元以及模式识别算法这三个部分。气体传感器阵列是电子鼻模拟人类嗅觉的多重感知器件，阵列中的每个传感器对被测气体有不同的灵敏度，具有感知特定多种气体的功能；气体传感器阵列采集的气体信号通过转换电路转换成数字信号，由信号处理单元提取信号特征；模式识别单元主要通过统计模式识别和人工神经网络模式识别方法对提取的信号进行快速统计与分析，与数据库中存储信息对比完成检测气体的定量定性识别，输出气体文本或可视化的"指纹"信息等，为气味监测、鉴别、判断和分析提供科学依据。

电子鼻系统与生物嗅觉系统结构对比如图 1-1 所示。

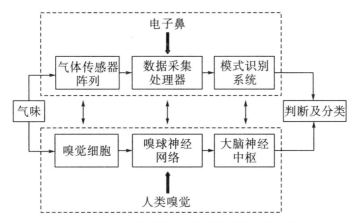

图 1—1　电子鼻系统与生物嗅觉系统结构对比

1.4.3　电子舌方法

人的五大基础味觉为酸、甜、苦、咸、鲜，这几种味觉在人体中的机理是味蕾接触到味道后通过神经纤维传导到中央控制系统（CNS）的特定区域然后做出反应。味道伴随化学感官系统，当分子向外释放并且刺激鼻、口或喉中的神经细胞后，通过神经纤维传导到大脑中的特性区域，并做出反应，而电子舌就是可以代替人进行这一机理反应的仪器。

电子舌又称为味觉传感器，是一个模拟人味觉并且可被用于复杂的液体分析的工具，由味觉传感器阵列、信号采集系统、模式识别系统三部分组成。味觉传感器阵列相当于人类的舌头，能够对被测液体中的味道进行感应，以电化学传感器最为普遍。根据传感器的工作原理不同，可分为电位分析传感器、伏安分析传感器、阻抗谱型传感器；信号采集系统相当于人类的神经系统，采集由传感器与液体样品接触所产生的电信号，并将其传递给电脑中的识别系统；模式识别系统相当于人类的大脑，将接收到的电信号转换成味觉值并进行分析和预测，使检测结果更接近实际值。

电子舌检测技术作为食品安全检测新型技术，融合传感技术、仿生学、计算机科学和信号处理技术等技术，综合性功能强，多用于包装材料、食品工业的检测。相比传统色谱检测，电子舌检测技术能够对样品组成成分开展综合性、整体性检测，获得综合信息，将综合信息对比数据库信息，即可评估食品品质。在食品安全检测上，电子舌技术操作较为简单，检测效率高，无须在检测前进行过多前处理工作，检测时也能同步传输信息，在食品领域的应用研究已非常广泛，主要应用于食品溯源、食品新鲜度、食品品质分级、掺假鉴别、质量监控、微生物和重金属等方面，为食品安全检测提供新发展方向。

1.4.4　气相色谱－质谱联用（GC－MS）

气相色谱技术，是以气体为流动相，利用化合物的物理性质和化学性质对混合物中多组分蒸汽相进行分离的一种分析方法，可对混合物中的组分进行高效分离，但不能明确鉴定物质；质谱分析技术，主要是根据被测样品中带电离子的质量与所带电荷的比值来进行分析的一种技术方法，可对物质进行定性检测分析，但不具备分离功能。而气质联用仪将两项技术有效结合，弥补了各自的缺陷，将两者优势发挥到最大，进而成为食品安全检测与分析的重要工具。

气质联用仪是由气相色谱和质谱串联而成的仪器。气相色谱在检测的过程中具有将复杂有机化合物分离的作用，质谱技术则是将分离的物质准确进行定性定量检测。质谱部分主要包括3个系统：离子源系统、离子质量分析器系统、离子检测器系统。有机小分子经过气相色谱分离后先进入质谱系统的离子源部分，经过直接离子化或者生产负离子后离子化，生成的离子经过质量分析器进行分析后进入离子检测系统，通过不同质荷比离子在检测器的信号及峰度的不同进行定性和定量分析。其具有分离效率高、选择性高、鉴别能力强等优点，在食品检测领域发挥着重要作用，实际应用领域较为广泛，已经运用于食品安全检测领域的农药残留检测、兽药残留检测、添加剂残留检测、塑化剂残留检测、风味组分分析及质量控制等。

1.4.5　气相色谱－离子迁移谱联用（GC－IMS）

离子迁移谱技术（IMS），是一种在大气压或接近大气压的中性气相中利用不同气相离子在电场中迁移率的差异来分离、检测、识别及监测不同基质中痕量化合物的技术，具有检测响应快速、灵敏度高（检测限达 ppb 水平）、可靠性高等优点，但不能实现分辨和识别复杂混合物组分。最初，IMS 主要用于军事和机场，快速检测爆炸物和非法药品，现如今，随着技术发展，IMS已被广泛开发应用到环境、医学、药物、食品等诸多领域。在食品安全领域，其主要应用在食品真伪鉴别、品质鉴定、加工储藏过程检测、识别添加化合物、检测有害物质等方面。气相色谱－离子迁移谱技术联用，检测时混合物和迁移率相近的物质先经过色谱分离再进入 IMS 检测器，很好地解决了 IMS 在检测方面的问题，得到的色谱保留时间和离子迁移谱迁移时间的二维信息也使鉴定更加准确。

气相色谱－离子迁移谱联用作为一种新型的食品检测技术，具有检测速度快、灵敏度高等特点，而且样品不需要经过复杂的前处理，相比较于传统的气相色谱或气质联用仪等，气相离子迁移谱体积小，便于携带，可以实现现场快速检测以及大批量样品的分析检测，在未来食品等各个领域，会得到更加广泛的应用和发展。

1.4.6　液相色谱－质谱联用（HPLC－MS）

高效液相色谱（HPLC），是一种主要以液体为流动相，采用高压输液系统，将具有不同极性的单一溶剂或是不同比例的混合溶剂、缓冲液等流动相泵入装有固定相的色谱柱，利用机器进行自动取样，将所需要检测物质的成分不断地进行分离、出柱，之后再经由检测器对其进行定性或是定量分析的方法，具有流动相载压高、载液流速高、分离效能高、应用范围广、色谱柱可反复使用、样品不易被破坏易回收等优点，但存在柱外效应、检测器灵敏度没有气相色谱高的不足。

液质联用技术就是液相色谱与质谱联用技术，主要是液相色谱分离技术和质谱分析检测技术的联合，融合两个系统优势，运用高效分离技术分析出被测物质当中的各种组分，在实际使用过程中质量分析器灵敏，性能优异，可以提供良好的分子结构质量与化合物结构信息。被测混合物在经过液相色谱仪器进行初步分离之后，经过离子源离子化再次解析，运用调节质量分析器的电场电压让被测物质的特定荷质比通过，检测仪器在这个过程中获取检测设备的质谱图。液质联用技术整合这些技术的优势，既可以实现物质分离，又可以鉴别组分。

液质联用技术充分发挥了不同技术的优势，该项技术在食品领域、医疗领域、化工领域的应用都非常广泛，展现出了较大的应用价值，在食品领域已被运用于添加剂检测、农残兽残检测、微量元素含量检测、保健品功效成分检测，未来液质联用也会向肉类食品以及谷物生物污染无损检测方向发展。

1.4.7　其他方法

除上述评价方法外，花椒的风味评价方法还有红外检测、氨基酸测定、热量成分检测、紫外分光光度法等，这些方法用于分析花椒相关产品的色泽、质构、气味、风味等品质的研究和评价。

1.5 研究内容与研究意义

1.5.1 研究的主要内容

本书以花椒及其副产物花椒叶等为主要研究对象，主要进行了以下几个方面的研究。

（1）花椒风味物质评价研究

以花椒为研究对象，研究了不同地区、不同生长期、不同加工方式对花椒挥发性风味物质（主要为酯类、醛类、烯类、醇类等）、非挥发性风味物质（主要分为酰胺及生物碱类、香豆素及酮类和有机酸及脂类）的影响，通过电子鼻、电子舌、气质联用、液质联用、气相离子迁移联用等检测分析方法，分析研究不同因素对花椒成分物质影响的差异性变化，对完善花椒风味评价行业标准起一定的促进作用。

（2）花椒相关产品的开发研究

通过感官评价、电子鼻、电子舌、气质联用等相关试验检测分析方法，制定产品感官指标，研究开发了花椒芽炒鸡蛋、花椒叶椒盐曲奇、花椒酒等与花椒相关新产品的工艺配方，得出了新产品最佳工艺参数，拓宽了花椒相关产品的研发道路，为后续花椒相关产品的开发提供科学可靠的数据参考。

（3）花椒副产物生物资源利用研究

研究了花椒副产物——花椒叶的化学成分及其生物活性，通过抑菌检测试验研究花椒生物活性物质对于不同细菌的抑菌效果，同时，研究花椒叶在不同地区、不同生长期、不同采摘期化学成分含量的差异性变化以及该化学物质的功能性质，给出更多利用花椒叶这一资源的可能性。

1.5.2 研究的意义

中国花椒广泛种植于全国各地二十多个省（区、市），种植面积及其产量日益增加。种植花椒成为许多地区农民脱贫及农村产业调整的有效途径，花椒产业已经成为农业的重要组成部分，具有巨大的经济价值、药用价值以及生态价值。且花椒产业的经济效益来源比较单一，基本集中在餐饮烹饪方面，如花椒鸡、花椒鱼、麻辣火锅等；精深加工集中在调味品方面，如花椒粉、花椒调味油、花椒精油等。我国花椒资源非常丰富，但对于其风味评价研究，相关新产品开发和花椒叶、花椒芽等副产物资源的开发利用的研究比较少。

　　本书通过生物感官评价方法，结合智能感官仪器电子鼻、电子舌以及高效检测分析方法气相色谱和质谱联用、高效液相色谱和质谱联用、气相色谱和离子迁移谱联用，研究花椒相关新产品最佳工艺配方参数、研究不同因素对花椒风味物质的影响、分析花椒副产物资源开发利用的方向，为后续花椒行业标准、开发再利用等相关研究提供可靠的参考数据。

　　同时，通过对花椒更多方面的研究，能够进一步促进花椒产业发展，使得花椒在种植技术、采收技术方面有一定提高，做到节约成本，提高产量，从而提高整体经济效益，有利于整个农业产业结构的进一步优化，使其实现更好的调整，从而实现农业产业更加理想化的发展，进而促进地区经济发展。

参考文献

[1] 王星斗，王文君，任媛媛，等. 花椒育种研究进展 [J]. 世界林业研究，2022，35 (5)：31—36.

[2] 李晓莉，黄登艳，刁英. 中国花椒产业发展现状 [J]. 湖北林业科技，2020，49 (1)：44—48.

[3] 陆龙发，任廷远，黄涛. 花椒及花椒油（树脂）加工贮藏研究现状 [J]. 农产品加工，2022，543 (1)：62—65.

[4] 郝旭东，张盛贵，王倩文，等. 四个不同地区大红袍花椒主体风味物质分析研究及香气评价 [J]. 食品与发酵科技，2021，57 (4)：63—74.

[5] 宋彤彤. 花椒和竹叶椒的化学成分研究 [D]. 兰州：兰州理工大学，2018.

[6] 石雪萍，李小华，杨爱萍. 花椒有效成分以及开发利用研究进展 [J]. 中国调味品，2012，37 (7)：6—9.

[7] 张政. 花椒风味物质的研究及其标准品制备 [D]. 成都：西南交通大学，2021.

[8] 付陈梅，阚建全，陈宗道，等. 花椒的成分研究及其应用 [J]. 中国食品添加剂，2003 (4)：83—85，122.

[9] 龚晋文，胡变芳，闫林林，等. 花椒叶提取物抑菌效果的初步研究 [J]. 广东农业科学，2011，38 (24)：57—58.

[10] 范菁华，徐怀德，李钰金，等. 超声波辅助提取花椒叶总黄酮及其体外抗氧化性研究 [J]. 中国食品学报，2010，10 (6)：22—28.

[11] 吕可，潘开文，王进闯，等. 花椒叶浸提液对土壤微生物数量和土壤酶活性的影响 [J]. 应用生态学报，2006，(9)：1649—1654.

[12] 陈锡，曾晓芳，赵德刚. 朝仓花椒叶水浸提物对白菜种子萌发及幼苗生长的影响 [J]. 种子，2016，35 (2)：37—4.

[13] 张大帅，钟琼芯，宋鑫明，等. 簕欓花椒叶挥发油的 GC—MS 分析及抗菌抗肿瘤活性研究 [J]. 中药材，2012，35 (8)：1263—1267.

[14] 龙永泉，沈学文，肖啸. 花椒叶驱除猫绦虫效果观察 [J]. 山东畜牧兽医，2012，33 (5)：1—4.

[15] 王薇，彭宗潞. 共享创新经验推动农产品加工高质量发展 [N]. 中国食品报，2022—11—18 (2).

[16] 于豪杰，吕斌杰，秦召，等. 花椒籽仁油及其脱脂粕中氨基酸的分析 [J]. 食品科技，2019，44 (12)：233—240.

[17] 田晋荣，杨俊杰. 花椒产业发展与市场前景预测 [J]. 南方农业，2019，13 (11)：95—96.

[18] 胡晴文，彭郁，李茉，等. 花椒油和花椒籽油提取技术研究进展 [J]. 中国油脂，2024，44 (1)：16—21.

[19] 田卫环，胡永帅，雷瑞萍. 花椒调味品中麻味物质的变化研究 [J]. 食品工业科技，2013，34 (18)：298—300，305.

[20] Artaria C，Maramaldi G，Bonfigli A，et al. Lifting properties of the alkamide fraction from the fruit husks of Zanthoxylum bungeanum [J]. International journal of cosmetic science，2011，33 (4)：328—333.

[21] 司昕蕾，边甜甜，牛江涛，等. 花椒的炮制及应用研究 [J]. 西部中医药，2018，31 (9)：137—140.

[22] 游玉明，周敏，王倩倩，等. 花椒麻素的抗氧化活性 [J]. 食品科学，2015，36 (13)：27—31.

[23] 韩莎莎，任鹏飞，杨斌，等. 花椒籽油的提取工艺、化学成分及应用研究进展 [J]. 山东化工，2019，48 (16)：88—89.

[24] 尹克荣，王会明，吴占华，等. 花椒籽油生物柴油制备工艺研究 [J]. 内燃机与动力装置，2011，123 (3)：20—22.

[25] 杨敏，杜宣利，张羽霄，等. 花椒籽仁油提取工艺的研究 [J]. 粮食与食品工业，2016，23 (2)：35—39.

[26] 郑旭煦. 花椒籽油系列产品关键生产技术开发研究 [D]. 重庆：重庆工商大学，2008.

[27] 文秋萍，李超，徐丹萍，等. 花椒籽壳蛋白与籽仁蛋白理化性质分析 [J]. 中国油脂，2019，44 (6)：50—55.

[28] 袁丛军，杨光能，胡红，等. 花椒废弃物功能化利用研究进展 [J]. 中国农学通报，2022，38 (17)：75—81.

[29] 郭松，李金健，张鹏. 花椒叶的研究现状综述 [J]. 广东化工，2021，48 (7)：69—72.

[30] 孙伟，蔡静，叶润，等. 响应面法优化花椒叶多糖提取工艺及抑菌活性研究 [J]. 化学试剂，2021，43 (1)：109—114.

[31] 牛博，庞广昌，鲁丁强. 花椒麻素的生物功能研究进展 [J]. 食品科学，2021，42

（9）：248－253.

[32] 边甜甜，司昕蕾，曹瑞，等. 花椒麻味物质提取、分离、纯化及生理活性研究进展 [J]. 中国中医药信息杂志，2017，24（12）：133－136.

[33] 阚建全，陈科伟，任廷远，等. 花椒麻味物质的生理作用研究进展 [J]. 食品科学技术学报，2018，36（1）：11－17，44.

[34] Etsuko S，Yasujiro M，Yusaku I，et al. Pungent qualities of sanshool－related compounds evaluated by a sensory test and activation of rat TRPV1 [J]. Bioscience，biotechnology，and biochemistry，2005，69（10）：1951－1957.

[35] 徐丹萍，蒲彪，叶萌，等. 花椒中麻味物质的呈味机理及制备方法研究进展 [J]. 食品科学，2018，39（13）：304－309.

[36] 王素霞，赵镭，史波林，等. 花椒麻味化学基础的研究进展 [J]. 中草药，2013，44（23）：3406－3412.

[37] 陈茜，陶兴宝，黄永亮，等. 花椒香气研究进展 [J]. 中国调味品，2018，43（1）：189－194.

[38] 杨峥，公敬欣，张玲，等. 汉源红花椒和金阳青花椒香气活性成分研究 [J]. 中国食品学报，2014，14（5）：226－230.

[39] 麻琳，何强，赵志峰，等. 三种花椒精油的化学成分及其抑菌作用对比研究 [J]. 中国调味品，2016，41（8）：11－16.

[40] 李伟. 花椒中香气成分分析研究进展 [J]. 中国食品添加剂，2021，32（12）：192－196.

[41] 王林，胡金祥，乔明锋，等. 南方4产区红花椒挥发性物质鉴定及差异研究 [J]. 中国调味品，2022，47（6）：165－170.

[42] 张青，王锡昌，刘源. GC－O法在食品风味分析中的应用 [J]. 食品科学，2009，30（3）：284－287.

[43] 樊丹青，刘荣，杨丽，等. 不同产地花椒挥发油含量及组成成分比较研究 [J]. 中药与临床，2014，5（2）：16－19.

[44] 陈光静，阚建全，李建，等. 不同产地红花椒挥发油化学成分的比较研究 [J]. 中国粮油学报，2015，30（1）：81－87.

[45] 魏泉增，王磊，肖付刚. GC－MS分析不同产地花椒挥发性成分 [J]. 中国调味品，2020，45（3）：152－157.

[46] 朱静，吕飞飞. 食品感官分析的研究进展 [J]. 中国调味品，2009，34（5）：29－31，49.

[47] 姜松，孟庆君，赵杰文. 腌渍菊芋的质地分析与感官评价研究 [J]. 食品科学，2007，337（12）：78－81.

[48] 包志华，高秀兰，郭奇慧. 实验教学中感官分析新技术在加工牛肉干中的应用 [J]. 农产品加工，2016，402（4）：70－71，76.

[49] GB/T 10221—2021, 感官分析 术语 [S].

[50] 刘登勇, 董丽, 谭阳, 等. 食品感官分析技术应用及方法学研究进展 [J]. 食品科学, 2016, 37 (5): 254−258.

[51] 武晓娟, 薛文通, 王小东, 等. 豆沙质地特性的感官评定与仪器分析 [J]. 食品科学, 2011, 32 (9): 87−90.

[52] 杜泽坤, 李玉珠, 张家明, 等. 腌鸡蛋质地感官评价与仪器分析的相关性研究 [J]. 食品工业科技, 2016, 37 (1): 309−314.

[53] 刘瑞新, 陈鹏举, 李学林, 等. 人工智能感官: 药学领域的新技术 [J]. 药物分析杂志, 2017, 37 (4): 559−567.

[54] GB/T 30391—2013, 花椒 [S].

[55] Bushdid C, Magnasco M O, Vosshall L B, et al. Humans can discriminate more than 1 trillion olfactory stimuli [J]. Science, 2014, 343 (6177): 1370−1372.

[56] 张书雅. 电子鼻的校准方法研究 [D]. 重庆: 重庆大学, 2021.

[57] 周英, 杜杰. 电子鼻工作原理及在肉品检测中的应用 [J]. 肉类工业, 2016, 420 (4): 42−45.

[58] 钱敏, 刘坚真, 白卫东, 等. 食品风味成分仪器分析技术研究进展 [J]. 食品与机械, 2009, 25 (4): 177−181.

[59] 王琦, 王伟, 李洋. 电子鼻和近红外联合应用在评定水产品新鲜度中的研究进展 [J]. 食品研究与开发, 2014, 35 (15): 134−136.

[60] 李琦. 电子鼻及其在食品检测中的应用 [J]. 临床医药文献电子杂志, 2014, 1 (4): 564.

[61] 文聆吉, 邱树毅, 陈前林, 等. 电子舌/电子鼻技术在酒类中的研究及应用 [J]. 酿酒科技, 2015, 256 (10): 59−64.

[62] Tan J Z, Xu J. Applications of electronic nose (e−nose) and electronic tongue (e−tongue) in food quality−related properties determination: A review [J]. Artificial intelligence in agriculture, 2020, 4: 104−115.

[63] 王栋轩, 卫雪娇, 刘红蕾. 电子舌工作原理及应用综述 [J]. 化工设计通讯, 2018, 44 (2): 140−141.

[64] 卢烽, 张青, 吴纯洁. 电子舌技术在食品行业中的应用及研究进展 [J]. 中药与临床, 2020, 11 (5): 60−63, 29.

[65] 王兴亚, 庞广昌, 李阳. 电子舌与真实味觉评价的差异性研究进展 [J]. 食品与机械, 2016, 32 (1): 213−216, 220.

[66] 祝愿, 李俊, 王震, 等. 电子鼻、电子舌系统及国内外研究现状 [J]. 食品安全导刊, 2018, 227 (36): 52−53.

[67] 白杰, 高利利, 张志勤, 等. 电子舌技术的原理及在中药领域的应用 [J]. 中南药学, 2021, 19 (1): 78−84.

[68] 黄嘉丽，黄宝华，卢宇靖，等. 电子舌检测技术及其在食品领域的应用研究进展 [J]. 中国调味品，2019，44（5）：189−193，196.

[69] 肖宏. 基于电子舌技术的龙井茶滋味品质检测研究 [D]. 杭州：浙江大学，2010.

[70] 许栋. 食品安全现状及食品安全检测技术分析 [J]. 食品安全导刊，2022，339（10）：163−165.

[71] 云雯，吴彦蕾，杨彦，等. 电子舌在食品安全检测领域的研究进展 [J]. 中国调味品，2014，39（7）：133−137.

[72] 安琪，刘珏玲，孙红，等. 顶空固相微萃取−气质联用技术在食品领域的应用进展 [J]. 食品工程，2021，161（4）：43−47.

[73] 张文，吕航，金昱言. 食品分析中气相色谱−质谱联用技术应用概述 [J]. 现代食品，2021（1）：110−112.

[74] 何正和，魏云计，朱臻怡，等. 气质联用仪在食品检测中的应用 [J]. 质量安全与检验检测，2021，31（6）：37−39.

[75] 张国民，温素素. 气相色谱−质谱法测定食品中 17 种邻苯二甲酸酯类塑化剂的含量 [J]. 理化检验（化学分册），2020，56（1）：46−54.

[76] 柯泽华，刘贵巧，陈佳悦，等. 基于电子鼻和气相色谱−质谱法对市场上臭鳜鱼风味物质分析 [J]. 食品安全质量检测学报，2020，11（24）：9533−9540.

[77] 王芳，陈潘，席斌，等. 离子迁移谱技术在食品检测中的应用研究进展 [J]. 食品研究与开发，2021，42（8）：179−180.

[78] 郝童斐. 离子迁移谱技术及其在食品检测中的应用 [J]. 食品安全导刊，2018，195（Z2）：33.

[79] Hopfgartner G. Current developments in ion mobility spectrometry [J]. Analytical and bioanalytical chemistry，2019，411（24）.

[80] 杨俊超，杨杰，曹树亚，等. 气相色谱−离子迁移谱联用技术的影响因素研究 [C] //中国仪器仪表学会. 2017 全国激光前沿检测技术军民融合交流研讨会论文集. 上海：现代科学仪器，2018（1）：55−59.

[81] 张瑞廷，程江辉，徐佳. 气相离子迁移谱在食品风味研究中的应用 [J]. 现代食品，2020（10）：167−169.

[82] 姜奕甫. 化学仪器分析技术在药物检测中的应用 [J]. 当代化工研究，2021，95（18）：89−90.

[83] 刘梦鸽. 高效液相色谱−质谱联用技术在转基因和非转基因食品成分分析中的应用 [D]. 曲阜：曲阜师范大学，2016.

[84] 崔旭. 食品安全检测中液质联用技术的价值 [J]. 现代食品，2021（8）：56−58.

[85] 周路明，廖敏，陈俊. 浅谈食品安全检测中液质联用技术的价值 [J]. 食品安全导刊，2021，322（29）：119−120.

［86］于海滨，张培. 食品安全检测中液质联用技术的应用探究 ［J］. 食品安全导刊，2022，342（13）：150－152.

［87］刘安成，尉倩，崔新爱，等. 花椒采收现状及研究进展 ［J］. 中国农机化学报，2019，40（3）：84－87.

第2章　不同产区花椒挥发性风味物质鉴定及差异研究

2.1　引言

花椒果皮中挥发性物质化学组成和含量与花椒品种、地域、海拔、土壤、光照等因素密切相关，且差异较大。采用气相色谱质谱联用法（Gas Chromatography−Mass Spectrometry，GC−MS）对四川、甘肃产区的6个红花椒样品的检测发现，红花椒主要挥发性物质芳樟醇、乙酸芳樟酯的含量存在差异；采用水蒸气蒸馏法和顶空固相微萃取结合GC−MS分析河南、山东和四川红花椒样品，发现柠檬烯为主要挥发性物质，且含量差异较大；采用GC−MS分析陕西、甘肃和四川8个产地的红花椒，发现红花椒共有组分含量差异较大，非共有挥发性物质含量大多低于1%。对花椒挥发性物质的研究多集中在四川与秦岭以北产区的样品分析比较方面。未见南方产区花椒样品组分的相关研究。秦岭是我国南北的分界线，气候条件差异较大。在不同地域、气候条件下农产品的品质是有差异的。研究发现相同品种但产地不同的生姜挥发性组分存在差异。另外，固相微萃取（Solid−Phase Microextraction，SPME）技术是一种集采样、萃取、富集和进样于一体的操作方便快捷、绿色环保的前处理方法。GC−MS是分离复杂有机化合物的有效方法，是从分子层面探究食品风味差异的方法。

本章拟利用SPME结合GC−MS技术鉴定湖南、四川、云南和贵州产区红花椒挥发性组分，从而比较南方4产区花椒挥发性物质的差异，以便进一步完善红花椒挥发性物质指纹图谱库。

2.2 试验材料和仪器

2.2.1 试验材料

红花椒样品由成都市桃李食品公司提供。具体见表 2-1。

表 2-1 红花椒样品产地

序号	品名	产地
A	红花椒	湖南张家界
B	红花椒	四川通江
C	红花椒	云南楚雄
D	红花椒	贵州毕节

2.2.2 试验仪器

PC-420D 专用磁力加热搅拌装置（美国 Corning 公司），75 μm CAR/PDMS 手动萃取头（美国 Supelco 公司），Clarus 680 气相色谱仪、Clarus SQ8T 质谱仪、色谱柱 Elite-5MS（30 m×0.25 mm×0.25 μm）、20 mL 顶空瓶（美国 PerkinElmer 公司），其他实验室常用设备。

2.3 试验方法

2.3.1 GC-MS 样品处理及检测方法

样品前处理：将花椒去梗去籽，选择颜色红润的花椒作为样品。

其他前处理：将 20 mL 的样品瓶洗净，用蒸馏水润洗三次，然后烘干备用。

固相微萃取条件：准确称取样品 1.00 g 置于 20 mL 样品瓶中，加入搅拌子（聚四氟乙烯，3×10 mm），加盖密封，磁力搅拌装置温度 65℃，平衡 10 min，然后将老化（250℃，10 min）的萃取针扎入样品瓶，并伸出萃取头，萃取吸附 20 min，随后插入 GC-MS 进样口，解析 10 min。

色谱条件：色谱柱 Elite-5 MS（30 m×0.25 mm×0.25 μm）。进样口温

度为 250℃；升温程序：起始温度 40℃，保留 2 min，以 5 ℃/min 升温至 220℃，保留 2 min。载气（99.999％ He）流速 1.0 mL/min。

质谱条件：EI 离子源，电子轰击能量为 70 eV，离子源温度 250℃，电子倍增电压 1450 V。质量扫描范围：45～400 m/z，扫描延迟 1.1 min，标准调谐文件。

定性方法：选取正反匹配度均大于 700，参考 NIST 2011 谱库，同时结合人工和参考文献解谱。

2.3.2　数据处理

采用 SPSS 25.0 进行数据分析，作图采用 Origin 2018。

2.4　试验结果

2.4.1　花椒总离子流图

图 2-1 是 PE Elite-5MS（30 m×0.25 mm×0.25 μm）毛细管柱分离、质谱检测得到的样品总离子流图。湖南样品共检测到挥发性物质 50 种，四川 54 种，云南 55 种，贵州 53 种。云南样品检测到的挥发性物质最多，湖南最少。样品出峰时间主要集中在 5～25 min 之间。

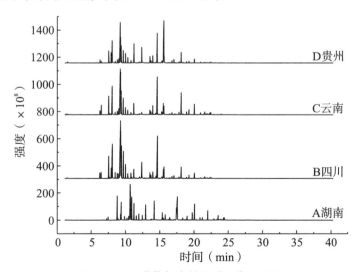

图 2-1　红花椒挥发性物质总离子流图

2.4.2　花椒挥发性物质差异比较

（1）红花椒非共有挥发性物质分析

表2-2是红花椒GC-MS检测结果的非共有物质。4个样品共检测到非共有组分32种。其中烯烃类物质12种，醇类2种，醛类8种，酯类6种，酮类4种。桧烯是云南样品特有的物质，含量低（0.047%）；α-法呢烯是湖南样品独有挥发性物质，含量低（0.034%）。月桂烯在湖南（5.188%）和贵州（0.971%）的样品中有检出，湖南样品含量较高。β-水芹烯在四川（4.047%）、云南（3.696%）和贵州（2.454%）的样品中有检出。非共有醇类物质2种，其中云南（8.286%）和贵州（4.991%）的桉树醇含量较高。共检测到8种非共有醛类物质，(Z)-柠檬醛是四川样品特有挥发性物质，水芹醛是贵州样品特有挥发性物质，所有醛类物质含量均较低。共检测到6种酯类物质，其中贵州样品的乙酸芳樟酯含量高（19.984%），为贵州样品特有挥发性物质。酮类物质共检测到4种，1-(2-甲基-1-环戊烯基)乙酮是云南样品特有挥发性物质，但含量低（0.068%）。湖南（11.821%）、四川（1.973%）和云南（1.841%）的样品均检测到胡椒酮，湖南样品的胡椒酮含量高，各样品含量差异大。

（2）红花椒共有挥发性组分分析

表2-3是红花椒样品GC-MS分析结果的共有挥发性物质。4个产区共检测到共有物质34种，其中烯烃类物质24种，醇类4种，醛类1种，酯类2种，酮类2种，其他1种。相对含量均大于1%的物质有7种（烯烃类4种，醇类2种、酯类1种）：柠檬烯、(E)-β-罗勒烯、罗勒烯、γ-松油烯、芳樟醇、α-萜品醇和乙酸松油酯。4个样品共有组分相对百分含量：湖南（64.596%）、四川（81.355%）、云南（75.270%）、贵州（59.283%）。这说明南方4产区的红花椒在共有组分含量上差异较大。湖南（18.487%）、四川（28.002%）和云南（18.635%）红花椒样品中含量最高的物质均为柠檬烯。贵州红花椒样品含量最高为乙酸芳樟酯（19.984%），其次为柠檬烯（16.502%）。4个产区红花椒中柠檬烯含量均高于16%，柠檬烯是南方4产区最主要共有挥发性物质。结合表2-2和表2-3进一步分析可知，4个样品共鉴定出挥发性物质66种。其中烯烃类36种，醇类6种，醛类9种，酯类8种，酮类6种，其他1种。云南红花椒样品检测到挥发性物质含量最高（93.653%），其次为四川（92.042%）、贵州（90.533%），湖南（85.983%）最低。

表2-2　红花椒非共有有挥发性物质

序号	CAS	化合物	化学式	含量(%)			
				A湖南	B四川	C云南	D贵州
		烯烃类		9.044	7.362	5.878	4.911
1	3387-41-5	桧烯 sabinene	$C_{10}H_{16}$	—	—	0.047±0.01	—
2	123-35-3	月桂烯 β-myrcene	$C_{10}H_{16}$	5.188±0.02	—	—	0.971±0.01
3	527-84-4	邻伞花烃 o-Cymene	$C_{10}H_{14}$	1.128±0.02	1.188±0.02	—	—
4	17699-16-0	反式水化香桧烯 trans-Sabinene hydrate	$C_{10}H_{18}O$	—	0.730±0.01	0.977±0.01	1.228±0.02
5	673-84-7	罗勒烯(4E,6Z)-2,6-dimethylocta-2,4,6-triene	$C_{10}H_{16}$	0.479±0.06	0.376±0.01	0.386±0.01	—
6	555-10-2	β-水芹烯 β-phellandrene	$C_{10}H_{16}$	—	4.047±0.04	3.696±0.05	2.454±0.35
7	565-00-4	莰烯 Camphene	$C_{10}H_{16}$	0.101±0.01	—	0.177±0.01	0.039±0.04
8	499-97-8	假性柠檬烯 1-methylidene-4-prop-1-en-2-ylcyclohexane	$C_{10}H_{16}$	0.084±0.01	0.069±0.02	—	0.103±0.02
9	33880-83-0	榄香烯 (-)-β-elemene	$C_{15}H_{24}$	—	0.623±0.12	0.042±0.02	0.052±0.01
10	99-84-3	β-松油烯 β-terpinene	$C_{10}H_{16}$	1.792±0.25	0.184±0.03	0.553±0.25	—
11	4630-07-3	巴伦西亚橘烯 (+)-valencene	$C_{15}H_{24}$	0.238±0.01	0.145±0.15	—	0.064±0.15
12	502-61-4	α-法呢烯 (E,E)-α-farnesene	$C_{15}H_{24}$	0.034±0.16	—	—	—

续表

序号	CAS	化合物	化学式	含量(%)			
				A 湖南	B 四川	C 云南	D 贵州
	醇类			0.000	0.031	8.340	5.015
13	470-82-6	桉树醇 1,8-cineole	$C_{10}H_{18}O$	—	—	8.286±0.12	4.991±0.15
14	29548-13-8	2-(4-亚甲基环己基)丙乙一烯1-醇 2-(4-methylidenecyclohexyl) prop-2-en-1-01	$C_{10}H_{16}O$	—	0.031±0.01	0.054±0.15	0.024±0.02
	醛类			0.304	0.421	0.820	0.165
15	66-25-1	正己醛 Hexanal	$C_6H_{12}O$	0.022±0.01	—	0.053±0.01	0.028±0.01
16	142-83-6	(E,E)-2,4-己二烯醛 Hexa-2,4-dienal	C_6H_8O	0.078±0.02	0.024±0.00	—	—
17	106-26-3	(E)-柠檬醛 (E)-Citral	$C_{10}H_{16}O$	—	0.064±0.03	0.042±0.01	—
18	141-27-5	(Z)-柠檬醛 (Z)-Citral	$C_{10}H_{16}O$	—	0.031±0.01	—	—
19	106-23-0	香茅醛 citronellal	$C_{10}H_{18}O$	0.045±0.01	0.083±0.01	—	0.019±0.02
20	122-03-2	4-异丙基苯甲醛 cuminaldehyde	$C_{10}H_{12}O$	0.159±0.01	0.219±0.06	0.555±0.05	—
21	18031-40-8	(S)-(-)-紫苏醛 (4S)-4-prop-1-en-2-ylcyclohexene-1-Carbaldehyde	$C_{10}H_{14}O$	—	—	0.170±0.02	0.073±0.01
22	21391-98-0	水芹醛 4-(1-methylethyl)-1-cyclohexene-1-carboxaldehyde	$C_{10}H_{16}O$	—	—	—	0.045±0.01
	酯类			0.162	0.647	0.915	20.300
23	112-06-1	乙酸庚酯 Heptyl Acetate	$C_9H_{18}O_2$	—	0.119±0.02	0.059±0.01	0.060±0.01

续表

序号	CAS	化合物	化学式	含量（%）			
				A 湖南	B 四川	C 云南	D 贵州
24	101-41-7	苯乙酸甲酯 Methyl phenylacetate	$C_9H_{10}O_2$	—	0.076±0.02	0.090±0.01	—
25	112-14-1	醋酸辛酯 octyl acetate	$C_{10}H_{20}O_2$	—	0.452±0.01	0.438±0.01	0.208±0.02
26	25905-14-0	5-甲基-2-(1-甲基乙烯基)-4-己烯-1-醇乙酸酯 lavandulyl acetate	$C_{12}H_{20}O_2$	0.101±0.01	—	0.211±0.02	0.018±0.00
27	115-95-7	乙酸芳樟酯（R)-linalyl acetate	$C_{12}H_{20}O_2$	—	—	—	19.984±0.12
28	1079-01-2	(-)-乙酸桃金娘烯酯 myrtenyl acetate	$C_{12}H_{18}O_2$	0.061±0.01	—	0.117±0.06	0.030±0.02
	酮类			11.877	2.226	2.43	0.859
29	3168-90-9	1-(2-甲基-1-环戊烯基)乙酮 1-(2-methylcyclopenten-1-yl)ethanone	$C_8H_{12}O$	—	—	0.068±0.00	—
30	99-49-0	香芹酮 carvone	$C_{10}H_{14}O$	—	0.230±0.01	0.521±0.01	0.859±0.05
31	89-81-6	胡椒酮 piperitone	$C_{10}H_{16}O$	11.821±0.15	1.973±0.02	1.841±0.01	—
32	2478-38-8	乙酰丁香酮 acetosyringone	$C_{10}H_{12}O_4$	0.056±0.01	0.023±0.01	—	—
	合计			21.387	10.687	18.383	31.250

注："—"表示未检出

表2-3 红花椒共有挥发性物质

序号	CAS	化合物	化学式	含量（%）			
				A 湖南	B 四川	C 云南	D 贵州
烯烃类				50.932	61.136	50.694	37.689
1	2867-05-2	α-侧柏烯 α-thujene	$C_{10}H_{16}$	0.392±0.02	0.782±0.01	0.722±0.01	0.604±0.01
2	80-56-8	α-蒎烯 α-Pinene	$C_{10}H_{16}$	0.729±0.01	0.862±0.01	1.651±0.00	0.341±0.02
3	13466-78-9	3-蒈烯 car-3-ene	$C_{10}H_{16}$	10.974±0.11	2.139±0.10	2.636±0.01	0.446±0.14
4	127-91-3	β-蒎烯 β-pinene	$C_{10}H_{16}$	0.283±0.02	10.481±0.01	7.943±0.12	6.479±0.12
5	99-83-2	α-水芹烯 α-phellandrene	$C_{10}H_{16}$	1.002±0.02	0.877±0.01	0.464±0.13	0.390±0.11
6	99-87-6	对伞花烃 p-cymene	$C_{10}H_{14}$	0.120±0.02	0.356±0.01	1.974±0.03	0.157±0.01
7	99-86-5	α-萜品烯 α-terpinene	$C_{10}H_{16}$	0.580±0.01	0.730±0.03	0.750±0.12	1.143±0.16
8	5989-27-5	柠檬烯 limonene	$C_{10}H_{16}$	18.487±0.22	28.002±0.31	18.635±0.15	16.502±0.23
9	3779-61-1	(E)-β-罗勒烯 (3E)-3,7-Dimethyl-1,3,6-octatriene	$C_{10}H_{16}$	6.325±0.21	6.773±0.13	5.211±0.20	3.744±0.01
10	13877-91-3	罗勒烯 (E)-β-ocimene	$C_{10}H_{16}$	4.272±0.14	5.038±0.02	3.220±0.03	2.650±0.01
11	99-85-4	γ-松油烯 γ-terpinene	$C_{10}H_{16}$	1.414±0.11	1.987±0.11	1.352±0.06	2.016±0.01
12	586-62-9	萜品油烯 terpinolene	$C_{10}H_{16}$	1.118±0.02	0.792±0.04	0.458±0.04	0.572±0.01

续表

序号	CAS	化合物	化学式	含量（%）			
				A 湖南	B 四川	C 云南	D 贵州
13	460-01-5	(3E,5E)-2,6-二甲基-1,3,5,7-辛四烯(3E,5E)-2,6-Dimethyl-1,3,5,7-octatetracene	$C_{10}H_{14}$	0.041±0.12	0.049±0.02	0.086±0.06	0.063±0.12
14	3856-25-5	(-)-α-蒎烯 α-copaene	$C_{15}H_{24}$	0.226±0.02	0.209±0.04	0.158±0.15	0.292±0.14
15	515-13-9	β-榄香烯 β-ELEMENE 82%	$C_{15}H_{24}$	0.677±0.06	0.102±0.02	1.245±0.12	0.466±0.01
16	17699-14-8	(-)-α-荜澄茄油烯 (-)-α-CUBEBENE	$C_{15}H_{24}$	0.056±0.01	0.300±0.02	0.041±0.01	0.017±0.01
17	87-44-5	β-石竹烯 (-)-β-caryophyllene	$C_{15}H_{24}$	2.357±0.11	0.927±0.02	2.35±0.10	0.937±0.13
18	6753-98-6	α-律草烯 α-humulene	$C_{15}H_{24}$	0.314±0.01	0.152±0.11	0.396±0.12	0.211±0.02
19	25246-27-9	香树烯(-b)-allo-Aromadendrene	$C_{15}H_{24}$	0.112±0.01	0.066±0.02	0.148±0.01	0.057±0.02
20	39029-41-9	γ-杜松烯(+)-γ-Cadinene	$C_{15}H_{24}$	0.631±0.06	0.167±0.02	0.433±0.01	0.190±0.02
21	483-76-1	Δ-杜松烯(+)-δ-cadinene	$C_{15}H_{24}$	0.665±0.02	0.261±0.02	0.530±0.03	0.282±0.04
22	10208-80-7	α-衣兰油烯 α-muurolene	$C_{15}H_{24}$	0.070±0.01	0.027±0.02	0.063±0.02	0.028±0.00
23	15423-57-1	大根香叶烯 B(1E,4E)-germacrene B	$C_{15}H_{24}$	0.029±0.02	0.022±0.00	0.045±0.06	0.025±0.05
24	1139-30-6	石竹素(-)-Caryophyllene oxide	$C_{15}H_{24}O$	0.058±0.01	0.035±0.04	0.183±0.03	0.077±0.05

续表

序号	CAS	化合物	化学式	含量(%)			
				A 湖南	B 四川	C 云南	D 贵州
		醇类		7.801	3.867	5.463	8.56
25	78-70-6	芳樟醇 linalool	$C_{10}H_{18}O$	4.623±0.21	1.607±0.14	2.421±0.12	5.133±0.22
26	99-48-9	L-香芹醇 carveol	$C_{10}H_{16}O$	0.041±0.02	0.078±0.01	0.062±0.05	0.082±0.04
27	98-55-5	α-萜品醇 α-terpineol	$C_{10}H_{18}O$	1.313±0.16	1.216±0.12	2.038±0.21	1.808±0.19
28	562-74-3	4-萜烯醇 4-terpineol	$C_{10}H_{18}O$	1.824±0.11	0.966±0.15	0.942±0.02	1.537±0.05
		醛类		0.027	0.04	0.025	0.043
29	124-19-6	天竺葵醛 nonanal	$C_9H_{18}O$	0.027±0.02	0.040±0.02	0.025±0.01	0.043±0.06
		酯类		5.069	15.513	18.034	12.011
30	5655-61-8	左旋乙酸冰片酯 L-bornyl acetate	$C_{12}H_{20}O_2$	0.535±0.02	0.127±0.06	0.219±0.02	0.185±0.04
31	80-26-2	乙酸松油酯 Terpinyl Acetate	$C_{12}H_{20}O_2$	4.534±0.16	15.386±0.11	17.815±0.21	11.826±0.32
		酮类		0.675	0.640	0.870	0.630
32	67-64-1	丙酮 2-Propanone	C_3H_6O	0.032±0.02	0.026±0.01	0.102±0.06	0.016±0.07
33	500-02-7	4-(1-甲基乙基)-2-环己烯-1-酮 4-(1-Methylethyl)-2-cyclohexen-1-one	$C_9H_{14}O$	0.643±0.01	0.614±0.08	0.768±0.06	0.614±0.01
		其他		0.092	0.159	0.184	0.350
34	57-13-6	尿素 urea	CH_4N_2O	0.092±0.03	0.159±0.05	0.184±0.05	0.350±0.01
		合计		64.596	81.355	75.270	59.283

（3）红花椒主要挥发性物质分析

表 2-4 是 4 个样品主要挥发性物质。从表中可以看出 4 个样品的主要挥发性物质为烯烃类、醇类、酯类和酮类。4 个样品主要共有组分为柠檬烯（16%～29%）、乙酸松油酯（4%～18%），含量差异大。柠檬烯是含量最高的共有物质。这说明南方 4 产区红花椒的主要挥发性物质为柠檬烯。乙酸芳樟酯是贵州样品特有挥发性物质，含量高（19.984%），其他样品均未检出。

表 2-4　红花椒主要挥发性物质

化合物	含量（%）			
	A 湖南	B 四川	C 云南	D 贵州
3-蒈烯	10.974	0.000	0.000	0.000
β-蒎烯	0.000	10.481	7.943	6.479
月桂烯	5.188	—		0.000
柠檬烯	18.487	28.002	18.635	16.502
（E）-β-罗勒烯	6.325	6.773	5.211	0.000
罗勒烯	4.272	5.038	0.000	0.000
β-水芹烯	0.000	4.047	0.000	0.000
芳樟醇	4.623	0.000	0.000	5.133
桉树醇	0.000	0.000	8.286	4.991
乙酸松油酯	4.534	15.386	17.815	11.826
乙酸芳樟酯	—	—	—	19.984
胡椒酮	11.821	0.000	0.000	—
合计	70.262	69.727	57.89	64.915

注："—"表示未检出，"0.000"表示非主要挥发性物质

（4）红花椒挥发性物质类别差异分析

表 2-5 是红花椒样品挥发性物质类别差异分析结果。4 个样品在挥发性组分类别上相似。烯烃类物质是红花椒主要挥发性组分，是种类最多的物质，其中四川红花椒烯烃类物质含量最高（68.498%），其次为湖南（59.976%）、云南（56.572%），贵州的样品含量最低（42.600%）；4 个样品的烯烃类物质种类在数量上基本一致，但具体物质有差异。在醇类物质上，贵州和云南这两个样品的含量高（均在 13.000% 以上），最低为四川（3.898%）。酯类物质含量差异较大，贵州（7 种）的含量高达 32.311%，为最高；最低为湖南（4

种），仅为 5.231%。酮类物质含量差异较大，最高为湖南（12.552%），最低为贵州（1.489%）。

表 2-5 红花椒挥发性物质类别差异分析

类别	A 湖南		B 四川		C 云南		D 贵州	
烯烃类	32	59.976	32	68.498	31	56.572	31	42.600
醇类	4	7.801	5	3.898	6	13.803	6	13.575
醛类	5	0.331	6	0.461	5	0.845	5	0.208
酯类	4	5.231	5	16.160	7	18.949	7	32.311
酮类	4	12.552	5	2.866	5	3.300	3	1.489
其他	1	0.092	1	0.159	1	0.184	1	0.350
合计	50	85.983	54	92.042	55	93.653	53	90.533

2.5 结果分析

①4 个样品检测到的烯烃类物质相对含量，最高为四川（68.498%），最低为贵州（42.600%），湖南和云南均高于 56%。这说明 4 个产区的红花椒主要挥发性物质的种类相似，也说明烯烃类物质是南方 4 产区红花椒主要挥发性物质。柠檬烯是一种具有柑橘香气的物质，其阈值较低（10 μg/kg），是共有组分中含量最高（均高于 16%）的物质，说明柠檬烯是南方 4 产区红花椒的主要挥发性物质。通过 GC-MS 分析了陕西商洛、陕西韩城、陕西韩城富平县、陕西韩城富平县宫里镇、甘肃武都、甘肃秦安、甘肃临夏、四川西昌等地的红花椒，发现柠檬烯是上述 8 个产区红花椒的主要共有挥发性物质，且含量最高。这说明秦岭南北的红花椒主要挥发性物质均为柠檬烯。在主要挥发性物质中，3-蒈烯（10.974%）在湖南样品中含量较高，贵州含量低，在陕西韩城红花椒样品中有检出但含量较低，说明 3-蒈烯可能是某些产地特有的挥发性物质。β-蒎烯在四川（10.481%）、云南（7.943%）和贵州（6.479%）的样品中均有检出，含量较高，在秦岭以北的红花椒样品中未检测到 β-蒎烯，市售花椒油中有检出，这可能与原料产地及采摘后贮藏加工等因素有关。β-蒎烯可能是四川、云南、贵州红花椒特有挥发性物质。湖南样品中检出的月桂烯（5.188%）是主要挥发性物质，而在四川、云南和贵州的样品中含量低或未检测到。研究表明，月桂烯是秦岭以北及四川西昌红花椒样品的主要挥发性物

质。但在四川样品并未检出，这可能与产地的地质、气候等有关。(E)-β-罗勒烯在湖南（6.325%）、四川（6.773%）和云南（5.211%）的样品中检出含量较高。(E)-β-罗勒烯在秦岭以北样品中均有检出，但含量不高，非主要挥发性物质。罗勒烯在湖南（4.272%）和四川（5.038%）的样品中有检出，是主要挥发性物质。β-水芹烯（4.047%）是四川样品主要挥发性物质，湖南样品未检出；云南（3.696%）和贵州（2.454%）样品有检出。

②4 个样品中检测到主要醇类挥发性物质为芳樟醇和桉树醇。有研究表明秦岭以北的样品中均有检出这两种物质，是主要挥发性物质。芳樟醇是一种具有柑橘气味的物质，4 个样品均有检出，但非四川（1.607%）、云南（2.421%）样品中的主要挥发性物质。这说明芳樟醇是秦岭南北的红花椒共有挥发性物质，但产地不同导致含量差异。有研究表明芳樟醇是四川汉源红花椒中气味最强的化合物。桉树醇是云南（8.286%）和贵州（4.991%）样品的主要挥发性物质，湖南和四川样品未检出。

③4 个样品检测到主要酯类物质是乙酸松油酯和乙酸芳樟酯，研究分析秦岭以北的红花椒样品均有检出这两种物质。乙酸松油酯是本章试验检测到的主要共有挥发性物质之一，这表明乙酸松油酯是秦岭南北红花椒的共有挥发性物质。乙酸芳樟酯（19.984%）是贵州样品检测到含量最高的物质，是贵州样品特有挥发性物质，其他样品均未检测出。乙酸芳樟酯是一种具有花果香气的物质，阈值（9 μg/kg）低，参考其含量，其对贵州红花椒独特香味形成贡献大。

④4 个样品检出酮类主要挥发性物质 1 种，为湖南样品中的胡椒酮。贵州样品未检出，四川、云南样品有检出。胡椒酮是一种具有辛香味的物质，在秦岭以北的样品中均有检出，但非主要挥发性物质。湖南样品的胡椒酮含量高，可能是显示其地域特色的物质。

2.6　本章小结

采用固相微萃取结合气质联用分析南方 4 产区红花椒挥发性物质，共鉴定出 66 种挥发性物质，湖南、四川、云南和贵州分别鉴定出 50、54、55 和 53种；分别占相对含量的 85.983%、92.042%、93.653%、90.533%。鉴定出共有组分 34 种，共有组分相对百分含量占总百分含量的 59%~82%，南方 4产区的红花椒在共有组分含量上差异较大；相对含量均大于 4% 的共有物质为柠檬烯、乙酸松油酯；湖南、四川和云南样品含量最高的物质是柠檬烯；贵州样品含量最高的为乙酸芳樟酯，其次为柠檬烯，4 个产区的柠檬烯含量均高于

16％；柠檬烯、乙酸松油酯是南方 4 产区红花椒的主要共有挥发性物质。鉴定出非共有组分 32 种，非共有组分相对百分含量在 10％～32％。非共有组分中，湖南样品中胡椒酮（11.821％）、3-蒈烯（10.974％）、（E)-β-罗勒烯（6.325％）、月桂烯（5.188％）、罗勒烯（4.272％）、芳樟醇（4.623％），四川样品中 β-蒎烯（10.481％）、(E)-β-罗勒烯（6.773％）、罗勒烯（5.038％）、β-水芹烯（4.047％），云南样品中桉树醇（8.286％）、β-蒎烯（7.943％）、(E)-β-罗勒烯（5.211％），贵州样品中乙酸芳樟酯（19.984％）、β-蒎烯（6.479％）、芳樟醇（45.133％）、桉树醇（4.991％），是其主要挥发性物质。非共有物质的存在是南方 4 产区红花椒气味差异的主要来源。实验结论可为进一步完善红花椒的指纹图谱提供参考。

参考文献

[1] 陈光静，阚建全，李建，等. 不同产地红花椒挥发油化学成分的比较研究 [J]. 中国粮油学报，2015，30（1）：81－87.

[2] 曹雁平，张东. 固相微萃取－气相色谱质谱联用分析花椒挥发性组分 [J]. 食品科学，2011，32（8）：190－193.

[3] 樊丹青，刘荣，杨丽，等. 不同产地花椒挥发油含量及组成成分比较研究 [J]. 中药与临床，2014，5（2）：16－19.

[4] 胡文杰，于宏，赵晨宏，等. 不同产地生姜精油化学组分比较与分析 [J]. 食品与发酵工业，2020，46（20）：236－240.

[5] 刘皓月，李萌，朱庆珍，等. 3 种萃取方法炸蒜油特征风味的比较分析 [J]. 食品科学，2020，41（12）：180－187.

[6] 李建红，张水华，孔令会. 花椒研究进展 [A]. 科技创新与食品产业可持续发展学术研讨会暨，2008：46－50.

[7] 刘琳琪，赵晨曦，李佩娟，等. 花椒挥发油超临界 CO_2 萃取的工艺优化及 GC－MS 分析 [J]. 现代食品科技，2020，36（5）：73－80.

[8] 沈菲，罗瑞明，丁丹，等. 基于相对气味活度值法的新疆大盘鸡中主要挥发性风味物质分析 [J]. 肉类研究，2020，34（8）：46－50.

[9] 孙宝国，吴继红，黄明泉，等. 白酒风味化学研究进展 [J]. 中国食品学报，2015，15（9）：1－8.

[10] 苏伟，王涵钰，母应春，等. 不同烹饪方式对干腌火腿理化、感官及风味品质的影响 [J]. 肉类研究，2020，34（6）：72－79.

[11] 吴素蕊. 花椒香气组分的研究 [D]. 重庆：西南农业大学，2005.

[12] 魏泉增，王磊，肖付刚. GC－MS 分析不同产地花椒挥发性组分 [J]. 中国调味品，2020，45（3）：152－157.

［13］吴征镒，庄璇，苏志云. 中国植物志［M］. 北京：科学出版社，1999.

［14］杨峥，公敬欣，张玲，等. 汉源红花椒和金阳青花椒香气活性组分研究［J］. 中国食品学报，2014，14（5）：226－230.

［15］周婷，蒲彪，姜欢笑. 花椒麻味物质的研究进展［J］. 食品工业科技，2014（10）：385－388.

［16］张玉霖，周亮，陈莉，等. 顶空固相微萃取结合 GC－MS 分析花椒油香气组分［J］. 食品研究与开发，2019，40（1）：173－178.

［17］Berladi R P，Pawliszyn J．The application of chemically modified fused silica fibers in the extraction of organics from water matrix samples and their rapid transfer to capillary columns［J］. Water quality research journal of Canada，1989，24（1）：171－191.

［18］Chang K M，Kim G H．Analysis of aroma components from zanthoxylum［J］. Food ence and biotechnology，2008，17（3）：669－674.

［19］Epifano F，Curini M，Marcotullio M C，et al．Searching for novel cancer chemopreventive plants and their products：The genus zanthoxylum［J］. Current drug targets，2011，12（13）：1895－1902.

［20］Qing Y．Rapid analysis of the essential oil components of dried Zanthoxylum bungeanum Maxim by Fe_2O_3 － magnetic － microsphere － assisted microwave distillation and simultaneous headspace single－drop microextraction followed by GC－MS［J］. Journal of separation science，2013，36（12）：2028－2034.

［21］Yang X G．Aroma Constituents and Alkylamides of Red and Green Huajiao（Zanthoxylum bungeanum and Zanthoxylum schinifolium）［J］. Journal of agricultural and food chemistry，2008，56（5）：1689－1696.

第3章 茂县花椒化学成分分析及抑菌活性研究

3.1 引言

　　茂县地处川西青藏高原东缘，为少数民族聚居地区，海拔较高，光照充足，昼夜温差大，环境污染少，其"大红袍"花椒栽培历史悠久，果实以油重粒大、色泽红亮、芳香浓郁及醇麻可口的独特风味著称，在市场上享有较高声誉，因此，对茂县花椒进行系统的化学成分和生物活性研究显得十分必要。花椒中含有丰富的化学物质，具有极高的营养和烹饪价值。虽然已有许多关于花椒的研究报道，但对四川茂县花椒的系统研究相对较少。

　　花椒中的化学成分主要有挥发油、生物碱、酰胺、木脂素、香豆素、黄酮类物质和脂肪酸等；其中花椒的香气成分主要来自其组织中所含的挥发油，挥发油是由烯烃类等有机化合物及其含氧衍生物醇、醛、酮、酯等成分组成，并且部分化学物质具有较好的生物活性，如抑菌活性等。另外，由于花椒品种和生长环境的不同，其化学组成与含量差异也很大，造成其品质、色泽、香气及活性强度等发生较大变化，从而影响其价格和销量。

　　本章结合理化分析，综合运用总有机碳总氮分析仪、凯氏定氮仪、氨基酸自动分析仪、傅里叶变换红外光谱仪、气相色谱质谱联用仪、气味指纹分析仪（电子鼻）等多种精密仪器对四川茂县大红袍花椒化学成分进行深入分析，并对其抑菌学活性进行探究，以期为茂县花椒的进一步开发利用提供一定的理论基础。

3.2　试验材料和仪器

3.2.1　试验材料

（1）花椒

大红袍花椒，四川省茂县本地购得。

（2）主要试剂

硫酸铜、酒石酸钾钠、苯酚、次氯酸钠、硫酸钾、硫酸、硫酸铵、硼酸、甲基红指示剂、溴甲酚绿指示剂、亚甲基蓝指示剂、氢氧化钠、无水乙醇、盐酸、茚三酮、17 种氨基酸标准样品。

3.2.2　仪器设备

BT423S 电子天平（德国赛多利斯公司），FW－100 高速万能粉碎机（上海隆拓仪器设备有限公司），MB25 水分测定仪（上海奥豪斯仪器有限公司），Milti N/C 2100S 总有机碳总氮分析仪（德国耶拿分析仪器股份公司），Spectrum 100 傅里叶变换红外光谱仪（珀金埃尔默仪器有限公司）、紫外可见分光光度计（美国 Perkin Elmer 公司），Kjeltec 2200 凯氏定氮仪（瑞典 FOSS 公司），RE－52CS－1 旋转蒸发仪（上海亚荣生化仪器厂），L－8900 氨基酸自动分析仪（日本日立公司），50/30μm DVB/AR/PDMS 萃取头、Agilent 6890－5975 气相色谱质谱联用仪（美国安捷伦公司），FOX 4000 气味指纹分析仪（法国 alphamos 公司），LS－50GH 高压蒸汽灭菌锅（江阴滨江医疗设备有限公司），JJ－CJ－2FD 超净工作台（金净净化设备科技有限公司）等。

3.3　试验方法

3.3.1　水分、灰分测定

干花椒打粉，采用水分测定仪分别测定 3 次，取平均值；灰分按照 GB－T 12729.7 的方法检测。

3.3.2　铵态氮、总有机碳、总氮测定

采用靛酚蓝比色法测定铵态氮含量；总有机碳总氮分析仪测定总有机碳和

总氮，并计算碳氮比。

3.3.3 蛋白质、氨基酸测定

蛋白质采取凯氏定氮法测定，氨基酸采用氨基酸自动分析仪测定。

3.3.4 红外检测

待测样品在 70℃ 干燥箱中烘烤 1 个小时左右至恒重去除水分后，粉碎过 80 目筛，采用 KBr 压片法进行红外测定，扫描范围 400～4000 cm^{-1}，分辨率 4 cm^{-1}，扫描次数 3 次。

3.3.5 挥发性成分检测

（1）电子鼻检测

称取 1 g 样品置于顶空瓶中，压盖密封，65℃ 加热 10 min 后取 100 μL 气体，使用 FOX4000 电子鼻进行分析，进样速度 100 μL/s，采集时间 120 s。选择具有较大响应值的传感器进行数据分析与处理，电子鼻传感器性能见表3-1。

表 3-1　FOX4000 电子鼻传感器性能

阵列序号	传感器名称	性能	参考物质
1	LY/LG	对氧化能力较强的气体灵敏	氯、氟、氮氧化合物
2	LY2/G	对有毒气体灵敏	氨、胺类化合物、碳氧化合物
3	LY2/AA	对有机化合物灵敏	乙醇
4	LY2/Gh	对有毒气体灵敏	氨、胺类化合物
5	LY2/gCT	对易燃气体灵敏	丙烷、丁烷
6	LY2/gCT1	对有毒气体灵敏	硫化氢
7	T30/1	对有机化合物灵敏	有机化合物
8	P10/1	对可燃气体灵敏	碳氢化合物
9	P10/2	对易燃气体灵敏	甲烷
10	P40/1	对氧化能力较强的气体灵敏	氟
11	T70/2	对芳香族化合物灵敏	甲苯、二甲苯
12	PA/2	对有机化合物、有毒气体灵敏	乙醇、氨水、胺类化合物

阵列序号	传感器名称	性能	参考物质
13	P30/1	对可燃气体、有机化合物灵敏	碳氢化合物、燃烧产物
14	P40/2	对氧化能力较强的气体灵敏	氯
15	P30/2	对有机化合物灵敏	乙醇、燃烧产物
16	T40/2	对氧化能力较强的气体灵敏	氯
17	T40/1	对氧化能力较强的气体灵敏	氟
18	TA/2	对有机化合物灵敏	乙醇

（2）GC—MS 检测

固相微萃取条件：准确量取 7 mL 花椒粉的二氯甲烷浸提液于 15 mL 顶空瓶中恒温（65℃）水浴，将 50/30 μm DVB/CAR/PDMS 萃取头插入顶空瓶中平衡 10 min 后吸附 30 min（在固相微萃取装置上实现），然后将萃取头移入气相色谱高温汽化室中解吸 5 min，进行 GC—MS 分析。

色谱条件：毛细管色谱柱 Agilent HP－INNOWax（60 m × 250 μm × 0.25 μm）。手动无分流进样，进样口温度 230℃。程序升温 45℃，保留 3 min，以 10℃/min 的速率升至 200℃，保留 5 min。检测器温度 230℃，载气 He，流速 1 mL/min。

质谱条件：EI 电离源，电子能量 70 eV，扫描范围 10～550 m/z，离子源温度 230℃，接口温度 230℃。

3.3.6　抑菌活性检测

将花椒水提液和醇提液分别对常见的四株细菌如大肠埃希氏菌、枯草芽孢杆菌、金黄色葡萄球菌、乙型副伤寒沙门菌做抑菌活性检测。

指示菌悬液的制备：将大肠埃希氏菌、枯草芽孢杆菌、金黄色葡萄球菌和乙型副伤寒沙门菌分别接种于牛肉膏蛋白胨液体培养基中，37℃、140 r/min 培养 18 h，吸取 1 mL 进行系列梯度稀释至 10^{-3}，储于冰箱备用。

抑菌检测平板的制备：在无菌的牛肉膏蛋白胨固体平板上加 0.1 mL 指示菌悬液，用涂布棒涂抹均匀，放置 30 min 后，于平板内均匀放置 3 个无菌牛津杯，其中一个加入 0.1 mL 无菌水作为空白对照，另两个牛津杯中分别添加 0.1 mL 花椒水提液和醇提液，37℃条件下培养 24 h，测量抑菌圈直径。

3.4 结果与分析

3.4.1 理化指标

试验测得茂县大红袍花椒的水分、灰分、总碳、总氮、铵态氮和蛋白质含量见表3-2。结果表明，样品水分含量为9.5%，总灰分含量为5.5%，达到国家规定的一级标准要求。总碳含量44.14%，总氮含量2.23%，碳氮比达到19.79，说明花椒的化学成分中，含碳物质含量较大，其主要为粗纤维中的纤维素和木素。铵态氮含量13.56 mg/kg，粗蛋白含量9.72 g/100g，可见其除了含有诸多挥发油成分，还含有丰富的营养成分。

表3-2 茂县花椒理化指标

指标	水分（%）	灰分（%）	总碳（%）	总氮（%）	碳氮比	铵态氮（mg·kg^{-1}）	蛋白质（%）
含量	9.5±0.03	5.5±0.01	44.14±0.02	2.23±0.01	19.79±0.20	13.56±0.04	9.72±0.01

3.4.2 氨基酸

样品17种氨基酸含量结果如表3-3所示，可见花椒的氨基酸总量较高，达到7.15%。其中含量最高的氨基酸为脯氨酸，其含量为1.10%，最低的是半胱氨酸为0.10%。此外，除色氨酸外，其余七种必需氨基酸总量为2.38%，占氨基酸总量的三分之一，说明花椒营养成分丰富，有利于满足人们的健康要求。

表3-3 氨基酸含量测定结果

氨基酸	含量（%）	氨基酸	含量（%）
天冬氨酸	0.92	亮氨酸	0.48
苏氨酸	0.30	酪氨酸	0.15
丝氨酸	0.38	苯丙氨酸	0.29
谷氨酸	0.69	赖氨酸	0.45
甘氨酸	0.38	组氨酸	0.18
丙氨酸	0.35	精氨酸	0.67
半胱氨酸	0.10	脯氨酸	1.10

氨基酸	含量（%）	氨基酸	含量（%）
缬氨酸	0.33	必需氨基酸	2.38
蛋氨酸	0.11	非必需氨基酸	4.77
异亮氨酸	0.27	总量	7.15

3.4.3　红外分析

　　采用溴化钾混合压片法，对花椒样品进行扫描，其红外光谱如图 3—1 所示。由图 3—1 可知，花椒的红外光谱具有 12 个明显的吸收峰，其波数分别为 3383.50 cm^{-1}、2928.40 cm^{-1}、1734.22 cm^{-1}、1623.07 cm^{-1}、1555.22 cm^{-1}、1437.13 cm^{-1}、1369.34 cm^{-1}、1259.57 cm^{-1}、1158.89 cm^{-1}、1066.64 cm^{-1}、831.47 cm^{-1} 和 767.27 cm^{-1}，其中 3300 cm^{-1} 附近为醇、酚等有机物的 O—H 基的伸缩振动，2926+5 cm^{-1} 为亚甲基的反对称振动，1730 cm^{-1} 为 C=O 键的伸缩振动，1690~1650 cm^{-1}、1550 cm^{-1}、1400 cm^{-1} 分别为酰胺Ⅰ带、酰胺Ⅱ带、酰胺Ⅲ带的特征吸收峰；1371 cm^{-1} 为甲基 C—H 键的对称弯曲振动；1300~1150 cm^{-1} 为酯 C—O—C 键的伸缩振动，1019 cm^{-1} 为醚的 C—O 键的伸缩振动，916 cm^{-1} 为烯烃 RCH=CH$_2$ 顺构型的特征吸收，770 cm^{-1} 为芳烃孤立氢的特征吸收，说明样品含有以上相关功能基团及对应的物质成分。另外，酰胺Ⅰ带、酰胺Ⅱ带、酰胺Ⅲ带的吸收峰是蛋白质和酰胺类物质的特征吸收峰，进一步表明茂县花椒营养丰富和麻味显著。

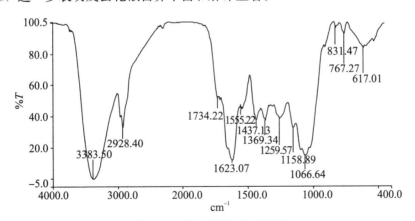

图 3—1　茂县花椒红外光谱图

3.4.4 挥发性成分

（1）电子鼻分析

采用电子鼻检测茂县花椒的挥发性成分，得到花椒样品在不同传感器下的响应情况如图3-2所示。为了更直观地将花椒样品的信号强度进行对比分析，将电子鼻的18根不同传感器下的响应强度峰值平均分布在圆周上，并描点成一个雷达指纹图谱，如图3-3所示。从雷达图中可以直观地看出，样品在不同传感器下的传感器信号强度存在显著差异，其传感器信号强度较高的主要集中于6种传感器上，分别为LY/LG、LY2/G、P40/2、P30/1、PA/2、T30/1传感器。由此可知，花椒的挥发性成分可能含有胺类化合物、碳氧化合物、碳氢化合物等诸多物质等。

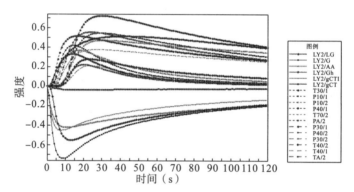

图3-2 茂县花椒电子鼻传感器响应情况

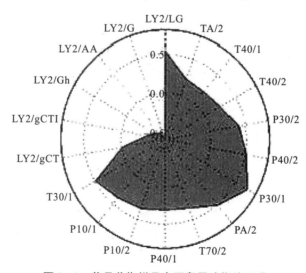

图3-3 茂县花椒样品电子鼻雷达指纹图谱

（2）GC－MS分析

利用固相微萃取－气质联用技术检测茂县花椒挥发性香气成分，结果见表3－4，检测到23种物质，主要为酯类、醛类、烯类、醇类、酮类。其中，酯类共有5种，占总含量的3.148%；醛类只有1种，占总含量的0.014%；烯类共有12种，占总含量的34.783%；醇类共有4种，占32.045%；酮类也只检测出1种，占总含量的0.024%。总体来说，茂县大红袍花椒中烯类物质含量较多，然后是醇类和酯类物质，醛类和酮类含量较少。实验结果与研究茂县大红袍花椒油中的结果较为接近，但由于实验条件的设置而稍有差异。

表3－4　茂县花椒挥发性成分

序号	保留时间（min）	匹配项名称	中文名称	分子式	分子量	相对含量（%）
1	3.13	Propanoic acid, 2-methy l-, ethyl ester	2-甲基丙酸乙酯	$C_6H_{12}O_2$	116	0.064
2	3.46	3-methy l-2-butenal	3-甲基-2-丁烯醛	C_5H_8O	84	0.014
3	4.53	Ethyl trans-2-butenoate	丁烯酸乙酯	$C_6H_{10}O_2$	114	0.043
4	4.74	Butanoic acid, 3-methyl-, ethyl ester	3-甲基丁酸乙酯	$C_7H_{14}O_2$	130	0.722
5	5.19	p-X ylene	对二甲苯	C_8H_{10}	106	0.453
6	5.90	Methyl isohexanoate	4-甲基戊酸甲酯	$C_7H_{14}O_2$	130	0.016
7	7.08	α-Pinene	α-蒎烯	$C_{10}H_{16}$	136	0.780
8	8.30	Sabinene	桧烯	$C_{10}H_{16}$	136	4.320
9	9.02	Bicyclohex-2-ene, 4-methyl-1-(1-methylethyl)-	1-异丙基-4-甲基-双环-2- 环己烯	$C_{10}H_{16}$	136	2.209
10	10.19	Limonene	柠檬烯	$C_{10}H_{16}$	136	16.482
11	10.37	β-myrcene	β-月桂烯	$C_{10}H_{16}$	136	6.095
12	11.36	Eucalyptol	桉油精	$C_{10}H_{18}O$	154	3.222
13	11.88	3-Carene	3-蒈烯	$C_{10}H_{16}$	136	2.126
14	15.13	cis-Sabinene hydrate	顺式桧烯水合物	$C_{10}H_{18}O$	136	1.138
15	16.06	Linalool	芳樟醇	$C_{10}H_{18}O$	154	18.273
16	16.28	3,7-dimethyl-1,3,6 octetriene	3,7-二甲基-1,3,6-辛三烯	$C_{10}H_{16}$	136	0.206

序号	保留时间(min)	匹配项名称	中文名称	分子式	分子量	相对含量(%)
17	16.36	β-pinene	β-蒎烯	$C_{10}H_{16}$	136	0.894
18	17.12	4-Terpineol	4-萜烯醇	$C_{10}H_{18}O$	154	10.472
19	17.93	cis-Limonene oxide	顺-氧化柠檬烯	$C_{10}H_{16}O$	152	0.056
20	20.15	2-Cyclohexen-1-one, 4-(1-methyle thyl)-	2-(1-甲基乙基)-4-环己烯-1-酮	$C_9H_{14}O$	138	0.024
21	22.15	Geranyl acetate	乙酸香叶酯	$C_{12}H_{20}O_2$	196	2.303
22	23.46	2-cyclohexenol,	2-环己烯-1-醇	$C_6H_{10}O$	152	0.078
23	26.23	1,3,7-octatriene, 3,7-dimethyl	3,7-二甲基-1,3,7-辛三烯	$C_{10}H_{16}$	136	0.024

3.4.5 抑菌活性检测

按照3.3.6试验步骤，分别将花椒的水提液和醇提液用于抑菌试验，得到各菌株抑菌检测结果见表3-5。花椒浸提液对枯草芽孢杆菌和金黄色葡萄球菌表现出抑菌活性，而对大肠杆菌和乙型副伤寒沙门氏菌没有显示抑制作用，其中枯草芽孢杆菌和金黄色葡萄球菌属阳性菌，大肠杆菌和乙型副伤寒沙门氏菌属革兰氏阴性菌，说明花椒对阳性菌具有明显的抑制作用，对阴性菌的抑菌活性不明显。

表3-5 茂县花椒抑菌活性

	抑菌圈直径（mm）			
	大肠杆菌	枯草芽孢杆菌	金黄色葡萄球菌	乙型副伤寒沙门氏菌
水提液	0	10+0.5	12+0.5	0
醇提液	0	11+0.5	11+0.5	0

3.5 本章小结

本书对四川茂县大红袍花椒进行深入研究，得出茂县花椒的水分含量为9.5%，总灰分含量5.5%，达到国家规定的一级标准要求；总碳含量44.14%，总氮含量2.23%，碳氮比19.79；铵态氮含量13.56 mg/kg，粗蛋白含量 9.72 g/100 g；含有 17 种氨基酸，总量达到 7.15％。红外光谱分析说明其含有丰富的有机物，包括蛋白质、酰胺和脂肪类等多种物质；根据电子鼻检测，其挥发性成分可能含有胺类化合物，碳氧化合物，碳氢化合物等诸多物质；利用真空固相微萃取－气质联用技术检测挥发性香气成分，得到 23 种物质，主要分为酯类、醛类、烯类、醇类、酮类等，进一步验证了大红袍花椒丰富的风味成分。此外，对茂县花椒的生物抑菌活性研究，得出其对阳性菌具有明显的抑制作用，对阴性菌的抑菌活性不明显。总之，该研究为茂县花椒的进一步开发利用提供一定的理论基础。另外，应充分利用茂县花椒的特点，寻找其新的活性成分，并探索更多的生物活性潜能，进而为茂县花椒在食用、药用、香精、化妆品等工业中的开发利用提供更多的科学依据。

参考文献：

[1] 陈训，贺瑞坤. 顶坛花椒和四川茂县大红袍花椒挥发油的 GC－MS 分析比较 [J]. 安徽农业科学，2009，37（5）：1879－1880，1885.

[2] 滑艳，汪汉卿. 白茎绢蒿挥发油的化学成分及抑菌作用的研究 [J]. 中成药，2007（5）：754－756.

[3] 李美凤，陈艳，蒋丽施，等. 汉源、茂县花椒中重金属的测定 [J]. 轻工科技，2016，32（5）：14－15.

[4] 李焱，秦军，黄筑艳，等. 同时蒸馏萃取 GC－MS 分析刺异叶花椒叶挥发油化学成分 [J]. 理化检验（化学分册），2006（6）：423－425.

[5] 李霄洁，陈槐萱，谢王俊，等. 汉源产红花椒叶中麻味物质的研究 [J]. 中国调味品，2014，39（12）：124－128.

[6] 乔明锋，刘阳，袁小钧，等. 茂县花椒化学成分分析及抑菌活性研究 [J]. 中国调味品，2017，42（4）：59－63，73.

[7] 孙晨倩，王正齐，姚美，等. 花椒叶的化学组成、叶提取物体外抗氧化活性及其对黑腹果蝇抗氧化酶活性的影响 [J]. 植物资源与环境学报，2015，24（4）：38－44.

[8] 史劲松，顾龚平，吴素玲，等. 花椒资源与开发利用现状调查 [J]. 中国野生植物资源，2003，22（5）：6－8.

[9] 师萱，陈娅，符宜谊，等. 色差计在食品品质检测中的应用 [J]. 食品工业科技，2009，30（5）：373－375.

[10] 吴刚，秦民坚，张伟，等. 椿叶花椒叶挥发油化学成分的研究 [J]. 中国野生植物资源，2011，30（3）：60－63.

[11] 王琪，田迪英，杨荣华. 果蔬抗氧化活性测定方法的比较 [J]. 食品与发酵工业，2008（5）：166－169.

[12] 薛婷，黄峻榕，李宏梁. 国内外花椒副产物的研究现状及其发展趋势 [J]. 中国调味

品，2013，38（12）：106—110.

[13] 周江菊，任永权，雷启义. 樗叶花椒叶精油化学成分分析及其抗氧化活性测定 [J].
食品科学，2014，35（6）：137—141.

[14] 张大帅，钟琼芯，宋鑫明，等. 簕欓花椒叶挥发油的 GC—MS 分析及抗菌抗肿瘤活性
研究 [J]. 中药材，2012，35（8）：1263—1267.

[15] 朱朦，白杰云，任洪娥. 基于 Lab 模型的树叶绿色色差变化梯度研究 [J]. 智能计算
机与应用，2011，1（4）：55—57.

[16] 周向军，高义霞，呼丽萍，等. 刺异叶花椒叶挥发性成分 GC—MS 分析研究 [J]. 资
源开发与市场，2009，25（6）：490—491，543.

[17] Prusak, Bernard G. The Amino Acid Test [J]. Commonweal, 2010, 137（14）：
2—5.

[18] Ruberto G, Baratta M T. Antioxidant activity of selected essential oil components in
two lipid model systems [J]. Food chemistry, 2000, 69（2）：167—174.

[19] Tseng Y H, Lee Y L, Li R C, et al. Non—volatile flavour components of ganoderma
tsugae. [J]. Food chemistry, 2005, 90（3）：409—415.

[20] Wang X S, Tang C H, Yang X Q, et al. Characterization, amino acid composition and
in vitro, digestibility of hemp（Cannabis sativa, L.）proteins [J]. Food chemistry,
2008, 107（1）：11—18.

第4章 花椒水煮过程麻味变化评价研究

4.1 引言

花椒是我国传统的"八大调味品"之一，作为川菜的特征调味料，具有赋香、掩盖异味、着色、保健、增加食欲等作用，是烹饪海味、腥味、肉食及凉拌食品的上等调料，另外还有一定的温中散寒、止痛、杀虫等功效，是我国部分地区家庭烹调中、食品加工业及餐饮业的必需品。

在家庭烹饪中，主要采用水煮和油炸两种方式，其中水煮过程中花椒麻味的变化影响着菜肴的风味，水煮时间过长或花椒用量过多，花椒麻味物质溶出量大，菜品麻味浓郁，可能导致菜品接受程度降低；水煮时间短或花椒用量少，未达到祛异除腥、增香赋味的作用，导致菜品风味欠佳，进而影响着食客对菜肴的接受程度。因此研究烹饪过程中花椒麻味变化规律很有必要。

花椒中的麻味成分主要是以山椒素为代表的花椒酰胺类物质，它们中有些具有强烈的刺激性，其他则为连有芳环的酰胺。国内外对花椒麻味物质研究主要为提取酰胺物质和测试麻味物质成分及含量。在众多的检测方法中分光光度法对样品的纯度有一定的要求，精准度较低，但投入成本较少；感官评价属于主观评价的方法，评价麻味结果易受到评价者感觉器官的敏锐程度、审美疲劳、实践经验、判断能力、生理、心理等因素影响，容易出现不确切的判断或错判、误判，国内外在花椒麻味感官评价领域研究较少。电子舌因无需对样品进行处理，就能达到无损快速的目的和客观、准确、重复性好等特点被广泛应用于食品滋味评价领域，但将智能感官与人体感官相结合的研究较少且尚未建立有关花椒麻味评价的标准。因此可以用电子舌对花椒水煮溶液进行麻味分析，与评价人员的感官结果做相关性分析，探究智能感官在花椒麻味评价领域的可行性。

本章选取家庭常用烹调方法水煮处理花椒，综合利用电子舌、紫外分光光度计，结合感官评价，研究花椒麻味在水煮过程中的变化过程，并探究最适的花椒麻味评价方法。

4.2 试验材料与仪器

4.2.1 试验材料

（1）花椒

花椒，购于某超市。花椒溶液：分别取 8 个烧杯加入 1.00 g 花椒和 500 mL 蒸馏水，封上保鲜膜，戳几个小孔，水浴加热，待烧杯中水到 98℃以上开始计时，每隔 20 min 取出一个样品，过滤，贴好标签，得水煮样品。

（2）试验药品

甲醇，分析纯（成都市科龙化工有限公司）；花椒麻素标准品（上海抚生实验有限公司）。

4.2.2 试验仪器

紫外可见分光光度计（莱伯泰科仪器有限公司），ASTREE 味觉指纹分析仪（AlphaMOS 公司），DF-II 数显集热式磁力搅拌器（常州亿通分析仪器制造有限公司）、testo 826-72 红外测温仪（德国仪器国际贸易有限公司）。

4.3 试验方法

4.3.1 感官评价方法

选择上述花椒溶液样品，分别用不透明玻璃容器按水煮的时间由短到长排列盛装。选择 15 名经验型食品专业评定人员组成评议小组，用勺蘸取少量液体，品尝之后在按表 4-1 进行打分，再用纯净水漱口，间隔 5 分钟再进行下一个样品的感官品鉴。

表 4-1 感官评价标准

评分	评分感受
0~1分	没有麻味
2~3分	有一点麻味

评分	评分感受
4~5分	麻味适中
6~7分	麻味稍强
8~10分	麻味特别强烈

4.3.2 紫外分光光度法

12.00 mg 花椒麻素标准品溶解于 30 mL 甲醇，配置出 0.400 mg/mL 的储备液。取一定量的储备液，加入甲醇稀释至 5 mL，分别得到浓度为 0.400 mg/mL、0.200 mg/mL、0.100 mg/mL、0.050 mg/mL、0.025 mg/mL、0.001 mg/mL 的标准溶液。将上述不同浓度的标准溶液放入紫外可见分光光度计中，在 254 nm 下测得其吸光度，以浓度为横坐标（x），以吸光度为纵坐标（y），绘制曲线，得到回归方程为标准曲线：$y = 3.0379x + 0.0127$，$R^2 = 0.995$。按回归方程计算出水溶液中花椒麻味素的总溶含量。

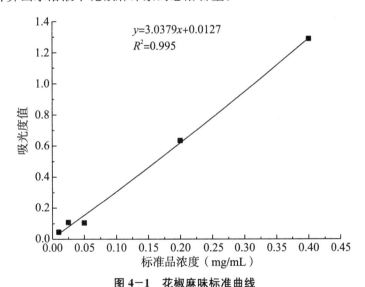

图 4-1 花椒麻味标准曲线

4.3.3 电子舌分析方法

将上述样品直接用 ASTREE 味觉指纹分析仪自动进样进行分析，每个样品传感器采集样品 120 s，各测 5 次，取传感器后 3 次在 120 s 时采集的数据作为分析数据。对数据进行主成分分析。α－ASTREE 电子舌，法国 Alpha MOS

公司，该仪器由一根参比电极 Ag/AgCl 和 7 根非专一性传感器组成，每根传感器对酸、苦、咸、鲜、甜敏感，但程度不一，每根探头有不同的鉴别领域，其传感器特性及其极限检测见表 4-2。

表 4-2　电子舌传感器性能特性及检测限值

基本味觉	ZZ	BA	BB	CA	GA	HA	JB
酸	10^{-7}	10^{-6}	10^{-7}	10^{-7}	10^{-7}	10^{-6}	10^{-6}
苦	10^{-5}	10^{-4}	10^{-4}	10^{-5}	10^{-4}	10^{-4}	10^{-4}
咸	10^{-7}	10^{-4}	10^{-4}	10^{-5}	10^{-4}	10^{-4}	10^{-4}
鲜	10^{-5}	10^{-4}	10^{-6}	10^{-5}	10^{-5}	10^{-4}	10^{-5}
甜	10^{-7}	10^{-4}	10^{-7}	10^{-7}	10^{-4}	10^{-4}	10^{-4}

4.3.4　数据分析方法

数据处理采用 Excel 2010 以及 SPSS 21.0，作图采用 OriginPro 9.0。

4.4　结果与分析

4.4.1　花椒水煮过程麻味变化感官分析

根据感官评价人员的嗜麻程度，对数据进行一定的取舍，舍弃有特殊喜好的评价人员的数据，再对剩余数据进行整理分析。从图 4-2 可以看出随着水煮时间的延长，感官得分逐渐增加，最大感官得分未超过 7 分，在人的感官能接受的范围。

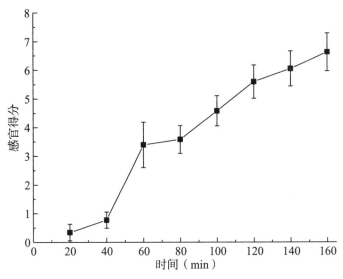

图 4－2　感官评分随水煮时间变化曲线

4.4.2　花椒水煮过程麻味变化分光光度计分析

表 4－3 显示花椒水溶液中麻味总溶出量随着水煮时间的增加而增加，在 140 min 时达到最大值，之后开始减小。相较于其他研究，本次试验结果偏大。主要原因在于花椒水溶液未进行脱色处理，花椒水溶液的吸光度受水溶液中颜色等影响大于实际值，但其对花椒溶液中麻味变化趋势研究影响不大。

表 4－3　不同浓度的水煮花椒麻味物质总溶出量（mg/500mL）

样品浓度	煮制时间（min）							
	20	40	60	80	100	120	140	160
1：500	8.79± 0.021	9.56± 0.023	23.24± 0.011	28.41± 0.032	33.04± 0.088	34.85± 0.010	38.24± 0.071	37.96± 0.020

4.4.3　花椒水煮过程麻味变化电子舌分析

图 4－3 为花椒水煮溶液电子舌探头响应图，从该图可以看出，不同时间花椒水煮溶液的滋味在 CA 探头处有差异。图 4－4 是电子舌对于不同的水煮时间样品的主成分分析结果，从图中可以看出第一主成分的贡献率在 70.95%，第二主成分贡献率为 16.24%，累计贡献率大于 85%，能够较好地辨别花椒水的滋味轮廓。通过图 4－4 能够将水煮花椒进行分类，水煮 20～60 min 的花椒水滋味相似；水煮 120～140 min 的花椒水滋味相似，水煮

100 min和80 min 的花椒水相似；160min 样品具有较大差异。

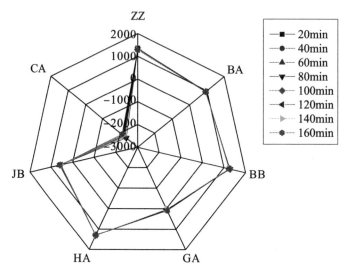

图4-3　花椒水煮溶液电子舌探头响应雷达图

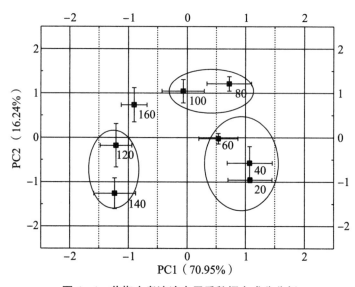

图4-4　花椒水煮溶液电子舌数据主成分分析

4.4.4　评价方法相关性分析

相关性分析是用来描述客观事物联系的密切程度并用适当的统计指标表示出来的过程。将花椒水溶液电子舌七个探头和分光光度计数据与感官得分做相关性分析，通过初等函数的模拟，选出最适函数，用R^2表示两个因素之间是否相关以及相关程度。感官得分与电子舌的七个探头（ZZ、BA、BB、CA、GA、HA、JB）和吸光度得相关函数分别为：$y_{ZZ} = -1.7688x^2 + 2.6799x + 1334$、$y_{BB} = 0.0002x^2 - 0.4127x + 235.9$、$y_{BA} = -2.4792x^2 + 9.4116x + 939.36$、$y_{CA} = -22.84x^2 + 82.8x - 2202.8$、$y_{GA} = -0.9495x^2 + 0.4578x + 73.215$、$y_{HA} = 0.0015x^2 - 3.7858x + 2432.1$、$y_{JB} = 0.0001x^2 - 0.1477x + 50.435$、$y_{紫外} = 13.813x^2 + 7.7723x - 0.5902$。

由图 4-5 得电子舌的七个探头 ZZ、BA、BB、CA、GA、HA 和 JB 所得结果与感官得分均呈正相关。CA（0.868）、HA（0.704）和 BA（0.757）相关系数均大于 0.7 呈高度相关，说明该三根探头能够较好地反映人体感官对于麻味的感受；ZZ 和 JB 相关系数为 0.5~0.8 之间，说明这两根探头能一定程度反映人体感官对于麻味的反应。而传感器 BB 相关系数为 0.0639，说明此传感器不适用于麻味分析。紫外分光光度法测得的花椒麻味含量的相关系数为 0.977，与感官得分呈强相关，说明人体感官麻味强度值与花椒酰胺含量之间具有一致性。

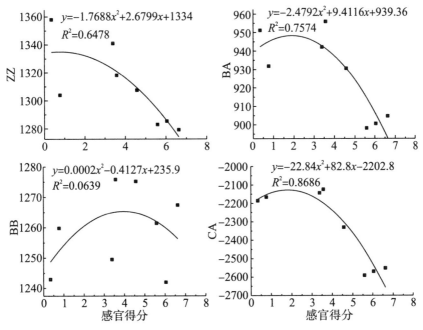

图 4-5　花椒水煮溶液的电子舌七个探头数据和吸光度与感官得分的相关性分析

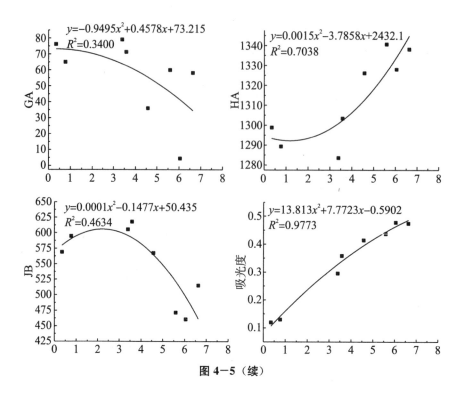

图4-5（续）

4.5 本章小结

　　花椒水煮过程中，花椒麻味总溶出量随着水煮时间加长而增大。随着水煮时间的加长，花椒水溶液颜色加深，对吸光度有影响，导致花椒麻味最大溶出水煮时间和溶出量较大，故此未得出准确的人体感官最适的花椒麻味浓度。本次试验紫外分光光度法测量花椒麻味的方法应进一步完善。紫外分光光度法所得值与感官得分做相关性分析，相关系数为 0.977，说明人体的感官麻味强度值与花椒酰胺含量具有一致性。电子舌能够较好地反映花椒水煮溶液的总体滋味，将花椒水煮分为 20 min、40 min 和 60 min；120 min、140 min；100 min、80min；160min 四类，通过电子舌与感官得分做相关性分析，得出电子舌能够较好的进行花椒水煮溶液的滋味鉴别，CA、BA 和 HA 三根探头能较好的反映人体感官对于麻味的感受。

　　本次试验得出电子舌在麻味检测中是最适的探头，为智能感官在花椒麻味评鉴领域提供一定的理论依据，因为本研究只针对了紫外分光光度法、感官评价和电子舌三种方法对于水煮溶液中花椒麻味的变化研究，因紫外分光光度法具有精准度低的特点，要继续探究人体感官对花椒酰胺耐受强度与花椒酰胺具体含量应做液相色谱分析。

参考文献：

[1] 毕君，赵京献，王春荣，等. 国内外花椒研究概况 [J]. 经济林研究，2002，20 (1)：46－48.

[2] 邓少平，田师一. 电子舌技术背景与研究进展 [J]. 食品与生物技术学报，2007，26 (4)：110－116.

[3] 付陈梅，阚建全，刘雄，等. 紫外分光光度计法测花椒油中酰胺类物质含量 [J]. 中国食品添加剂，2003 (6)：100－102.

[4] 郭静. 花椒中有效成分的分析测定方法和抗氧化作用研究 [D]. 重庆：西南大学，2008.

[5] 公敬欣，杨峥，谢建春，等. 花椒水煮及热油处理麻味素的含量变化研究 [J]. 中国食品添加剂，2013 (1)：62－66.

[6] 胡洁，李蓉，王平. 人工味觉系统—电子舌的研究 [J]. 传感技术学报，2001，14 (2)：169－179.

[7] 刘雄，阚建全，陈宗道，等. 花椒风味成分的提取 [J]. 食品与发酵工业，2003，29 (12)：62－66.

[8] 刘雄，阚建全，付陈梅，等. 花椒麻味成分的提取与分离技术 [J]. 食品与发酵工业，2004，30 (9)：112－116.

[9] 潘姝璇，蒲彪，付本宁，等. 花椒麻味物质感官分级及其检测研究进展 [J]. 食品工业科技，2017 (18)：353－357.

[10] 孙小文，段志兴. 花椒属药用植物研究进展 [J]. 药学学报，1996，31 (3)：231－240.

[11] 王洪伟，罗凯，黄秀芳，等. 不同方法定量检测花椒油中花椒麻味物质的效果比较研究 [J]. 食品工业科技，2014，35 (7)：272－275.

[12] 王俊，胡桂仙，于勇，等. 电子鼻与电子舌在食品检测中的应用研究进展 [J]. 农业工程学报，2004，20 (2)：292－295.

[13] 王素霞. 花椒酰胺电子舌响应规律及其应用研究 [D]. 成都：西南交通大学，2014.

[14] 胡洁，李蓉，王平. 人工味觉系统——电子舌的研究 [J]. 传感技术学报，2001 (2)：169－179.

[15] 王素霞，赵镭，史波林，等. 基于差别度的电子舌对花椒麻味物质的定量预测 [J]. 食品科学，2014，35 (18)：84－88.

[16] 王宇，巨勇，王钊. 花椒属植物中生物活性成分研究近况 [J]. 中草药，2002，33 (7)：666－670.

[17] 张敬文，赵镭，黄帅，等. 花椒中麻味物质定量检测的研究概况 [J]. 中国调味品，

2015 (3)：125—128.

[18] 赵镭，张璐璐，史波林，等. 花椒麻度感官评价自校准线性标度的建立 [J]. 中国食品学报，2015，15 (10)：211—216.

[19] Woertz K，Tissen C，Kleinebudde P，et al. A comparative study on two electronic tongues for pharmaceutical formulation development [J]. Journal of Pharmceutical and Biomedical Analysis，2011，55 (2)：272—281.

[20] Legin A V，Rudnitskaya A M，Vlasov Y G，et al. The features of the electronic tongue in comparison with the characteristics of the discrete ion—selective sensors [J]. Sensors & actuators b chemical，1999，58 (1—3)：464—468.

第5章 烹饪方式对花椒挥发性特征风味的影响

5.1 引言

花椒风味主要为麻味成分和香气成分。大量的研究表明花椒的麻味物质主要是以山椒素为代表的花椒酰胺类物质，而其香气成分则主要是烯烃和烷烃类的挥发油。电子鼻因其可以对样品的整体挥发性物质进行表达而被广泛用于样品的整体香气辨别，气质联用仪则主要用于样品挥发性物质的检测，两者结合能更准确地表达出样品之间的挥发性风味物质差异。烹饪过程中因食材受烹饪方法、时长和介质温度等影响，发生的化学反应不同、萃取的介质不同，造成了食材风味发生变化，进而影响菜品的风味。因不同的烹饪方法对食材的风味影响较大，而花椒在烹饪过程中扮演着重要的角色，尤其是花椒在菜肴香气方面贡献较大，现有研究主要针对花椒原料挥发性物质的差异，并未对不同烹饪方式处理过后的花椒挥发性物质进行探究，无法准确应用到实际烹饪过程中。

本章通过电子鼻整体性辨别水煮、油炸和汽蒸不同烹饪方式处理青花椒样品间的香味差异，利用 GC－MS 检测样品具体的挥发性物质成分，结合判别因子分析、维恩图等方法，探究不同烹饪方法对花椒风味挥发性物质变化的影响，以期为烹饪过程中青花椒对其菜品风味变化研究提供理论基础，指导青花椒生产加工。

5.2 试验材料与仪器

5.2.1 试验材料

青花椒：产地四川汉源。

水煮样品：超纯水沸腾后煮 20 min 取青花椒粒为样品。汽蒸样品：模拟家庭水蒸汽上汽蒸制 20 min 取青花椒粒为样品。油炸样品：菜籽油 150℃±5℃煎炸 20 s 取青花椒粒为样品。

5.2.2 试验仪器

FALLC4N 分析天平（常州市衡正电子仪器有限公司），FOX4000 电子鼻（法国 Alpha MOS 公司），PC－420D 专用磁力加热搅拌装置，75 μm CAR/PDMS 手动萃取头（美国 Supelco 公司），SQ680 气相色谱质谱联用仪（美国 PerkinElmer）。

5.3 试验方法

5.3.1 电子鼻分析方法

电子鼻由 18 根金属氧化传感器组成，每根传感器对应一类或几类敏感性物质，详细见表 5－1。准确称量 0.20 g 样品，置于 10 mL 顶空瓶内，对其进行密封、编号。分析条件：手动进样，顶空温度 70℃，加热时间 10 min，载气流量 150 mL/s，进样量 2000 μL，进样速度 2000 μL/s。数据采集时间 2 min，时间延迟 3 min。每个样品进行 5 次平行测试，取传感器后 3 次在第 2 min 时获得的稳定信号进行分析。

表 5－1　电子鼻传感器性能特点

序号	传感器称	性能	参考物质
1	LY2/LG	对氧化能力较强的气体敏感	2－甲基－3－呋喃硫醇
2	LY2/G	对有毒气体敏感	甲胺
3	LY2/AA	对有机化合物敏感	戊醛
4	LY2/Gh	对有毒气体敏感	苯胺
5	LY2/gCTl	对有毒气体敏感	硫化氢
6	LY2/gCT	对易燃气体敏感	丙烷、丁烷
7	T30/1	对极性化合物敏感	丙醇
8	P10/1	对非极性化合物敏感	正辛烷
9	P10/2	对非极性易燃气体敏感	正庚烷
10	P40/1	对氧化能力较强的气体敏感	甲基糠基二硫醚

序号	传感器称	性能	参考物质
11	T70/2	对芳香族化合物敏感	二甲苯
12	PA/2	对有机化合物、有毒气体敏感	乙醛、胺类化合物
13	P30/1	对可燃气体、有机化合物敏感	乙醇
14	P40/2	对氧化能力较强的气体敏感	甲硫醇
15	P30/2	对有机化合物敏感	α-松油醇
16	T40/2	对氧化能力较强的气体敏感	糠硫醇
17	T40/1	对氧化能力较强的气体敏感	二甲基二硫醚
18	TA/2	对有机化合物敏感	乙醇

5.3.2　GC－MS 分析方法

顶空固相微萃取条件：取制得的样品 2.00 g 置于 15 mL 样品瓶中。磁力加热：70℃；平衡 10 min，然后将老化（250℃，10 min）的萃取头插入样品瓶萃取 60 min，随后进样，解吸 10 min。

色谱条件：色谱柱为 Elite－5MS（30 m×0.25 mm×0.25 μm）。进样口温度为 250℃；升温程序：起始温度 40℃，保持 3 min，以 3℃/min 升至 60℃，保留 1 min，然后以 6℃/min 升至 140℃，保留 1 min。然后以 20℃/min 升至 250℃，保留 2 min。载气（99.999％ He），流速 1 mL/min，分流比 5∶1。

质谱条件：EI 离子源，电子轰击能量为 70 eV，离子源温度 250℃；全扫描；质量扫描范围：35～400m/z；扫描延迟 1.1 min；标准调谐文件。

定性方法：选取正反匹配度均大于 700，结合保留时间，参考 NIST 2011 谱库，同时结合人工和参考文献解谱。

相对含量：采用峰面积归一化法得到挥发性物质相对含量。

5.3.3　数据分析方法

数据处理及作图采用 Origin 2018。维恩图是一种用于展示不同事物群组之间的数学或逻辑联系，尤其适合用来表示集合（或）类之间的"大致关系"的一种分析方法。

主成分分析：利用 Origin2018 中 PCA 基于特征值大于 1，最大平衡值法得到主成分 1、主成分 2，进行散点画图。

5.4 结果与分析

5.4.1 电子鼻结果分析

采用电子鼻对编号为 A0、A1、A2、A3 四种青花椒样品（处理方式分别为原样、汽蒸、油炸、水煮）进行检测。图 5-1 为电子鼻对四种样品挥发性风味的传感器响应雷达图。由图 5-1 可知汽蒸、水煮青花椒在 18 个探头上的响应值与青花椒原样的响应值基本一致，说明水煮与汽蒸两种烹调方式对青花椒的香味影响不大，与相关研究结果一致。而油炸样品在 LY2/gCTI、LY2/AA、LY2/G、LY2/Gh 和 P30/2 五个探头上的响应值与青花椒原样差距较大，说明油炸青花椒的香味与青花椒原样差异较大。

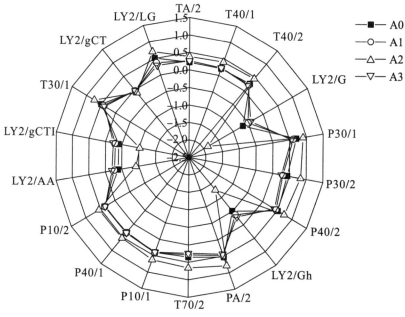

图 5-1　电子鼻传感器响应值雷达图

图 5-2 为电子鼻结果的主成分分析，其两主成分贡献率总和为 99.34%，由图 5-2 可知水煮和汽蒸的香气成分与青花椒原样相似，而油炸青花椒的香气与原样差距较大，说明油炸方式对青花椒的香气成分影响较大，这可能是由于在烹饪过程中的烹调方式、时长和加热介质等均可能对原料风味产生一定的影响，而油炸的温度与加热介质异于水煮和汽蒸。若想保留青花椒香气，宜选

用汽蒸或水煮的方法，其主要原因一是油炸温度150℃远高于汽蒸和水煮的温度，不耐高温的化合物易分解；二是花椒的挥发性成分大多为脂溶性化合物，在油炸过程中更易被萃取和发生反应，即油炸对花椒的挥发性物质总体影响较大。

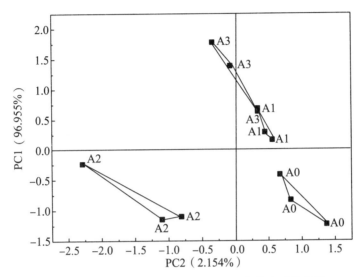

图5-2　不同烹饪方法下青花椒风味变化的主成分分析

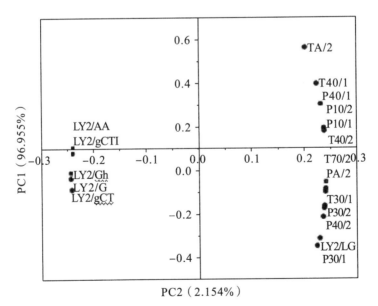

图5-3　不同烹饪方法下青花椒风味变化载荷图

通过载荷图可以了解到与主成分有关的主要原变量，由图5-3可知PC2

主要是 LY2/AA、LY/gCT1、LY2/Gh、LY2/G、LY2/gCT 构成，其方差贡献为 2.154%，其余探头对 PC1 贡献率高达 96.955%，由此可知试验采取的三种加工方式鲜有有毒有害易燃烧等的物质产生。

5.4.2 气质结果分析

（1）四个样品挥发性成分组成

通过表 5-2 进一步描述不同烹饪方式对青花椒挥发性物质成分的影响。青花椒的挥发物质分为呋喃、酯、烷烃、醇、烯烃、苯、酮、醛和其他，四个样品共有的醛类物质为 3-甲基-2-丁烯醛、庚醛；共有的苯类物质有 4-异丙烯基甲苯和邻-异丙基苯，这可能是由青花椒中原有的松油烯合成的；共有的烯烃类物质为：β-蒎烯（松节油、松脂香）、α-水芹烯（柑橘香味）、（Z）庚二烯、萜品油烯（松木的气味）、罗勒烯（青草味）和 γ-松油烯，与花椒的特征挥发性物质相符合；共有的酮为 [1S-（1α，4α，5α）]-4-甲基-1-（1-甲基乙基）二环 [3.1.0] 己烷-3-酮。

水煮花椒的挥发性物质相对含量较高的为（+）-柠檬烯（19.60%）、β-水麻黄烯（7.20%）、里那醇（61.94%），汽蒸花椒的挥发性物质相对含量较高的为（+）-柠檬烯（11.55%）、里那醇（68.23%），虽未做定量分析，但两种处理方式的挥发性物质与其他学者研究的花椒关键香气（柠檬烯、里那醇、月桂烯等）相似，结合电子鼻的分析，说明水煮和汽蒸处理的青花椒的气味相近，且该两种方法对青花椒的挥发性物质影响较小，能较好地保留青花椒原有的香气，主要原因可能是萃取剂皆为水溶液，且温度相差不大，故发生的化学反应类似，例如，里那醇可能是由青花椒原样中的月桂烯合成。油炸花椒的挥发性物质相对含量较高的为（Z）庚二烯（11.10%）、（+）-柠檬烯（13.28%）、反-2-辛烯醛（3.63%），挥发性成分较复杂，未有相对含量远高于其他物质的成分，这可能是高温条件下发生美拉德反应、油脂氧化、酯化反应等，使挥发性物质种类增加，但依旧保留了青花椒的特征挥发性物质。

表 5—2　烹饪方法对青花椒风味成分影响的 GC—MS 分析

分类	序号	RT	compound name	化合物名称	CAS 号	相对含量（%）			
						A3	A2	A1	A0
醛	1	4.37	3-Methyl-2-butenal	3-甲基-2-丁烯醛	107-86-8	0.01±0.00	0.08±0.00	0.04±0.00	0.03±0.00
	2	10.88	Heptanal	庚醛	111-71-7	0.02±0.01	0.29±0.02	0.03±0.00	0.01±0.00
	3	1.53	Acetaldehyde	乙醛	75-07-0	—	0.07±0.01	0.09±0.01	0.03±0.01
	4	29.41	Nonanal	壬醛	124-19-6	—	0.93±0.02	0.24±0.01	—
	5	24.98	trans-2-Octen-1-al	反-2-辛烯醛	2548-87-0	0.05±0.00	3.36±0.14	—	—
	6	1.97	Methacrolein	异丁烯醛	78-85-3	0.08±0.01	—	0.34±0.02	0.08±0.01
	7	3.17	Valeraldehyde	戊醛	110-62-3	0.05±0.01	—	0.20±0.02	0.56±0.02
	8	8.00	(Z)-2-Hexenal	(Z)-2-已烯醛	505-57-7	0.01±0.00	0.34±0.01	0.04±0.01	—
	9	10.48	cis-4-Heptenal	顺式-4-庚烯醛	6728-31-0	—	0.08±0.01	—	0.01±0.00
	10	8.00	trans-2-Hexenal	反式-2-已烯醛	6728-26-3	—	—	—	0.01±0.01
	11	1.93	Isobutyraldehyde	异丁醛	78-84-2	—	—	0.02±0.00	-
	12	23.16	Phenylacetaldehyde	苯乙醛	122-78-1	—	—	0.21±0.01	—
	13	5.28	trans,trans-2,4-Heptadienal	反,反-2,4-庚二烯醛	4313-03-5	—	10.96±0.12	—	—
	14	5.68	1-Hexanal	1-已醛	66-25-1	—	—	0.14±0.01	—
	15	15.18	Benzaldehyde	苯甲醛	100-52-7	—	—	0.05±0.00	—
	16	6.96	3-Furaldehyde	3-糠醛	498-60-2	—	—	0.03±0.00	—
	17	2.70	Pyruvaldehyde	丙酮醛	78-98-8	—	0.02±0.00	—	—
	18	19.45	n-Octanal	辛醛	124-13-0	—	0.45±0.02	—	—

分类	序号	RT	compound name	化合物名称	CAS号	相对含量(%)			
						A3	A2	A1	A0
醛	19	2.73	2-Methyl-heptanal	2-甲基庚醛	16630-91-4	—	0.02±0.00	—	—
	20	28.32	cis-6-Nonenal	顺-6-壬烯醛	2277-16-9	—	0.43±0.01	—	—
	21	2.73	2,3-dimethylpentanal	2,3-二甲基戊醛	32749-94-3	—	0.15±0.01	—	—
	22	29.60	2,4-Octadienal	2,4-辛二烯醛	30361-28-5	—	0.07±0.00	—	—
	23	5.68	1-Hexanal	1-己醛	66-25-1	0.02±0.02	—	—	—
	24	2.37	2-Methylbutyraldehyde	2-甲基丁醛	96-17-3	—	—	0.03±0.00	—
					合计	0.24	17.25	1.46	0.73
苯	25	27.67	4-Isopropenyltoluene	4-异丙烯基甲苯	1195-32-0	0.12±0.01	0.16±0.01	0.33±0.02	0.13±0.00
	26	21.34	o-Cymene	邻-异丙基甲苯	527-84-4	0.68±0.03	0.51±0.00	1.38±0.04	1.04±0.06
	27	29.53	Butylbenzene	丁基苯	104-51-8	—	0.07±0.00	—	—
	28	4.62	Toluene	甲苯	108-88-3	—	—	—	0.05±0.00
	29	2.06	Benzene	苯	71-43-2	—	—	—	0.07±0.00
	30	18.93	[3-(2-Cyclohexylethyl)-6-cyclopentylhexyl] benzene	[3-(2-环己基)-6-环戊基己基]苯	55334-30-0	—	—	0.01±0.00	—
					合计	0.80	0.74	1.72	1.29
烯	31	22.96	3-Carene	3-蒈烯	13466-78-9	0.11±0.01	—	0.32±0.01	0.01±0.00
	32	16.52	β-Pinene	β-蒎烯	127-91-3	0.23±0.02	0.06±0.00	0.05±0.01	5.67±0.06
	33	16.26	beta-Phellandrene	β-水麻黄烯	555-10-2	7.20±0.13	1.67±0.04	0.70±0.01	—

续表

分类	序号	RT	compound name	化合物名称	CAS号	相对含量（%）			
						A3	A2	A1	A0
	34	16.26	α-Phellandrene	α-水芹烯	99-83-2	0.27±0.04	0.58±0.03	0.44±0.01	0.04±0.01
	35	20.55	Terpinolene	萜品油烯	586-62-9	0.27±0.01	0.63±0.46	0.58±0.06	0.37±0.01
	36	20.55	γ-Terpinene	γ-松油烯	99-85-4	1.49±0.07	0.85±0.02	2.14±0.10	0.03±0.00
	37	18.19	Myrcene	月桂烯	123-35-3	4.69±0.34	—	—	0.19±0.01
	38	20.55	α-Terpinene	α-松油烯	99-86-5	0.40±0.12	—	0.81±0.03	—
	39	21.84	(R)-Limonene	(+)-柠檬烯	5989-27-5	19.60±0.61	13.28±0.36	11.55±0.19	—
	40	15.08	(Z)-2-heptenal	(Z)庚二烯	57266-86-1	0.06±0.02	11.10±0.10	0.03±0.01	0.03±0.01
	41	12.37	α-Pinene	α-蒎烯	80-56-8	0.26±0.05	0.13±0.02	—	—
烯	42	30.64	(3E,5E)-2,6-Dimethyl-1,3,5,7-octatetrene	(3E,5E)-2,6-二甲基-1,3,5,7-辛四烯	460-01-5	—	—	—	0.11±0.00
	43	16.99	α-Myrcene	α-月桂烯	1686-30-2	—	—	—	0.01±0.00
	44	22.96	Ocimene	罗勒烯	13877-91-3	1.24±0.05	0.94±0.01	0.79±0.03	3.05±0.09
	45	30.05	Cycloheptatriene	环庚三烯	544-25-2	—	0.01±0.00	0.01±0.00	—
	46	11.60	3-Ethylcyclohexene,	3-乙基环己烯	2808-71-1	—	0.13±0.01	0.13±0.01	—
	47	5.88	trans-4-Octene	反-4-辛烯	14850-23-8	—	0.11±0.00	—	—
	48	6.66	1,3-Octadiene	1,3-辛二烯	1002-33-1	—	0.02±0.00	—	—
	49	8.91	1-Hexene	1-己烯	592-41-6	—	0.04±0.01	—	—

续表

分类	序号	RT	compound name	化合物名称	CAS号	相对含量（%）					
						A3	A2	A1	A0		
烯	50	30.64	1-methyl-4-(prop-1-en-2-yl)cyclohexa-1,3-diene	对薄荷-1,3,8-三烯	18368-95-1	—	—	—	0.02±0.00		
	51	42.49	4-methyl-1-propan-2-ylbicyclo[3.1.0]hex-2-ene	4-甲基-1-丙-2-基环双环[3.1.0]己-2-烯	28634-89-1	0.20±0.01	0.31±0.01	0.13±0.02	—		
	52	29.72	2,4-Dimethyl-2,4-heptadienal	2,4-二甲基-2,4-戊二烯	42452-48-2	—	0.09±0.01	—	—		
	53	26.68	(Z)-2,6,10-Trimethyl-1,5,9-undecatriene	(Z)-2,6,10-三甲基-1,5,9-十一碳三烯	62951-96-6	—	0.03±0.01	—	—		
	54	5.57	(4E)-4-methylhepta-1,4-diene	(4E)-4-甲基庚-1,4-二烯	13857-55-1	—	—	—	0.01±0.00		
	55	18.13	1-bromo-3,7-dimethylocta-2,6-diene	1-溴-3,7-二甲基辛基-2,6-二烯	35719-26-7	—	—	—	0.04±0.01		
	56	21.48	(3R)-(＋)-Isosylvestren	(5R)-1-甲基-5-丙-1-烯-2-基环己烯	1461-27-4	—	—	—	28.61±0.43		
	57	2.47	cis-cis-2,4-hexadiene	顺式-2,4-己二烯	6108-61-8	—	—	0.03±0.00	—		
	58	2.47	trans-2-methylpenta-1,3-diene	2-甲基-1,3-戊二烯	926-54-5	—	—	—	0.02±0.01		
	59	21.13	cis-m-Menth-8-ene	顺式-间-Menth-8-烯	24399-15-3	—	0.01±0.00	—	—		

续表

分类	序号	RT	compound name	化合物名称	CAS 号	相对含量(%)			
						A3	A2	A1	A0
烯	60	25.57	1-Ethoxy-4,4-dimethyl-2-pentene	1-乙氧基-4,4-二甲基-2-戊烯	55702-60-8	—	0.17±0.01	—	—
	61	5.62	4-Methyl-3-pentenal	4-甲基戊-3-烯	5362-50-5	—	—	0.01±0.00	—
	62	28.27	(Z)-3-Tridecene	(Z)-3-十三(碳)烯	41446-53-1	0.19±0.09	—	—	—
					合计	36.21	30.02	17.72	38.21
酮	63	30.05	Thujone	侧柏酮	546-80-5	0.59±0.04	0.09±0.01	0.18±0.02	0.20±0.03
	64	2.06	3-Buten-2-one	3-丁烯-2-酮	78-94-4	—	—	0.12±0.01	—
	65	15.26	5(4H)-Oxazolone, 4-(chloromethylene)-2-phenyl-	5(4H)-恶唑酮，4-(氯甲基)-2-苯基-	14848-36-3	—	—	0.02±0.00	—
	66	28.13	Butanamide, 2-ethoxythiocarbonylthio-3-oxo-N-phenyl-	4-氯苯丁酮	329691-53-4	—	—	—	0.01±0.00
	67	11.78	4,4'-Dihydroxybenzophenone	4,4'-二羟基二苯酮	288-06-2	0.03±0.00	—	—	0.01±0.00
	68	1.69	Acetone	丙酮	67-64-1	—	—	—	—
	69	8.26	3,3-Diethyl-2,4-azetidinedione	3,3-二乙基氮杂环丁烷-2,4-二酮	42282-85-9	0.01±0.01	—	—	0.01±0.01
	70	10.11	2-Heptanone	2-庚酮	110-43-0	0.01±0.01	0.24±0.03	—	0.01±0.00
	71	17.77	6-Methyl-5-hepten-2-one	6-甲基-5-庚烯-2-酮	110-93-0	—	0.06±0.01	0.10±0.00	—
	72	3.96	3-Penten-2-one	3-戊烯-2-酮	625-33-2	—	0.03±0.01	—	—

续表

分类	序号	RT	compound name	化合物名称	CAS号	相对含量(%)			
						A3	A2	A1	A0
酮	73	4.62	(3E) -3-prop-2-en-1-ylidenecyclobutene	(1S-顺)-1-(2,2,6-三甲基环己基)乙酮	52097-85-5	—	0.02±0.00	—	—
	74	7.32	3-Hexen-2-one	3-己烯-2-酮	763-93-9	—	0.04±0.01	—	—
	75	16.94	1-Octen-3-one	1-辛烯-3-酮	4312-99-6	—	0.08±0.01	—	—
	76	25.66	4-Chlorobutyrophenone	4-氯-1-苯基丁-1-酮	939-52-6	—	—	—	0.01±0.00
	77	22.96	3-Octen-2-one	3-辛烯-2-酮	1669-44-9	—	0.69±0.06	—	—
	78	14.31	Ethanone,1-(2-methyl-2-cyclopenten-1-yl)	1-(2甲基-2-环戊烯-1-基)乙酮	1767-84-6	—	0.63±0.02	—	—
	79	14.85	3,5-Dimethyl-4H-pyran-4-one	3,5-二甲基-4H-吡喃-4-酮	19083-61-5	—	0.04±0.01	—	—
	80	25.99	3,5-Octadien-2-one	3,5-辛二烯-2-酮	38284-27-4	—	0.99±0.02	—	—
				合计		0.64	2.91	0.59	0.25
醇	81	30.60	(-) -Carveol	L-香芹醇	99-48-9	0.01±0.00	0.09±0.01	0.59	—
	82	4.37	trans-2-Pentenal	反式-2-戊烯醛	1576-87-0	—	0.54±0.12	—	0.02±0.01
	83	25.44	2-Phenylethanol	2-苯基乙醇	60-12-8	—	—	—	0.07±0.01
	84	4.70	1-Pentanol	1-戊醇	71-41-0	—	0.21±0.01	0.06±0.01	0.05±0.00
	85	3.01	(±) -trans-1,2-Cyclopentanediol	(±)-反-1,2-环戊二醇	5057-99-8	—	—	0.04±0.00	—
	86	18.94	1-Undecanol	1-十一醇	112-42-5	—	—	—	0.07±0.01
	87	8.14	cis-3-Hexen-1-ol	顺-3-己烯-1-醇	928-96-1	—	0.07±0.00	0.07±0.00	—

续表

分类	序号	RT	compound name	化合物名称	CAS 号	相对含量(%)			
						A3	A2	A1	A0
醇	88	29.20	Linalool	里那醇	78-70-6	61.94±0.98	—	68.23±0.09	—
	89	8.73	trans-2-Hexen-1-ol	反-2-己烯-1-醇	928-95-0	—	—	0.05±0.01	—
	90	8.96	1-Hexanol	1-己醇	111-27-3	—	—	0.04±0.01	—
	91	17.03	2-Decyn-1-ol	2-十烯-1-醇	4117-14-0	—	—	0.02±0.00	—
	92	17.46	Cis-5-Octen-1-ol	顺-5-辛烯-1-醇	64275-73-6	—	—	0.03±0.00	—
	93	5.05	2,4-Decadien-1-ol	2,4-癸二烯-1-醇	14507-02-9	—	—	—	0.52±0.02
	94	7.59	2-Hexyn-1-ol	2-己炔-1-醇	764-60-3	—	0.04±0.01	—	—
	95	9.77	5-Methyl-2-furanmethanol	5-甲基-2-呋喃甲醇	3857-25-8	—	—	0.02±0.00	—
	96	17.32	1-Octen-3-ol	1-辛烯-3-醇	3391-86-4	—	0.76±0.05	—	—
	97	22.68	2,4-Dimethyl-cyclohexanol	2,4-二甲基环己醇	69542-91-2	—	0.06±0.07	—	—
	98	1.45	Ethanol	乙醇	64-17-5	—	0.05±0.00	0.36±0.02	0.01±0.00
	99	17.46	(2Z) -2-Octene-1-ol	(2Z)-2-辛烯-1-醇	26001-58-1	—	0.05±0.01	—	0.01±0.00
	100	29.29	Hotrienol	脱氢芳樟醇	20053-88-7	—	—	0.16±0.01	0.17±0.01
	101	3.18	trans-3-Methylcyclohexanol	反式-3-甲基环己醇	7443-55-2	—	0.28±0.02	—	—
	102	22.64	5,8 ,11-Heptadecatrien-1-ol	5,8,11-十七碳三烯-1-醇	22117-09-5	—	0.01±0.00	—	—
	103	14.00	Bicyclo [4.1.0]heptan-3-ol, 4,7,7-trimethyl-, (1a,3a,4a,6a)-(9CI)	3,7,7-三甲基双环[4.1.0]庚烷-4-醇	52486-23-4	—	0.02±0.00	—	—

续表

分类	序号	RT	compound name	化合物名称	CAS号	相对含量（%）			
						A3	A2	A1	A0
醇	104	26.12	1-Heptatriacotanol	1-庚醇	105794-58-9	—	0.01±0.00	—	—
	105	3.49	Silanediol,1,1-dimethyl-	1,1,1-二甲基硅烷二醇	1066-42-8	0.03±0.00	—	—	—
	106	5.28	4-Ethylcyclohexanol	4-乙基环己醇	4534-74-1	—	0.12±0.02	—	—
					合计	61.98	2.24	69.08	0.92
酸	107	18.79	γ-Linolenic Acid	γ-亚麻酸	506-26-3	0.01±0.00	—	0.01±0.00	—
	108	2.05	Acetic acid	乙酸	64-19-7	—	0.48±0.04	—	2.43±0.02
	109	22.42	Nalpha,Nomega-Dicarbobenzoxy-L-arginine	Na,Nω-二苯甲氧甲酰基-L-精氨酸	53934-75-1	—	—	0.16±0.01	—
	110	5.07	Butyric acid	丁酸	107-92-6	—	0.01±0.00	—	—
	111	1.86	N ω-Nitro-L-arginine	Nω-硝基-L-精氨酸	2149-70-4	0.03±0.00	—	—	—
	112	13.01	9-Hexadecenoic acid	9-十六烯酸	2091-29-4	—	0.01±0.00	—	—
	113	7.72	[(1S,2R)-2-methylcyclopentyl]acetate Bicyclo[3.1.0]	醋酸[(1S,2R)-2-甲基环戊基]环戊烷羧酸,2-	40991-93-3	—	—	—	0.01±0.00
	114	28.68	Bicyclo[3.1.0]hexene,6-isopropylo	氨基,乙基酯,(1S-顺)-(9CI)	24524-57-0	—	—	—	0.09±0.01
					合计	0.04	0.50	0.17	2.53

续表

分类	序号	RT	compound name	化合物名称	CAS 号	相对含量（%）			
						A3	A2	A1	A0
烷	115	20.33	2-Ethenyl-1,1-dimethyl-3-methylenecyclohexane	3-亚甲基-1,1-二甲基-2-乙烯基环己烷	95452-08-7	—	—	0.20±0.02	0.13±0.01
	116	1.69	(S)-(-)-Propylene oxid	(S)-(-)-环氧丙烷	16088-62-3	—	—	—	0.12±0.04
	117	2.13	Hexane	己烷	110-54-3	—	—	0.24±0.00	—
	118	24.98	Hexadecane,1,1-bis(dodecyloxy)-	十六烷,1,1-双(十二氧基)-反式-2-丁	56554-64-4	—	—	—	—
	119	5.34	trans-2-butyl-3-methyloxirane	基-3-甲基环氧乙烷	38851-70-6	—	0.02±0.00	—	—
	120	26.57	1-cyclopropylpentane	戊基-环丙烷	2511-91-3	—	0.09±0.01	—	—
	121	26.57	Octylcyclopropane	辛基环丙烷	1472-09-9	—	—	0.01±0.00	—
					合计	0.00	0.11	0.45	0.25
酯	122	24.27	Cyclopentaneundecanoic acid, methyl ester	环戊基十一酸甲酯	25779-85-5	0.03±0.00	—	—	—
	123	13.66	3-Pentenoic acid,4-methyl-, methyl ester	3-戊烯酸,4-甲基,甲酯	2258-65-3	0.01±0.00	—	0.02±0.00	0.01±0.00
	124	8.22	methyl 4-methylpentanoate	4-甲基戊酸甲酯	2412-80-8	—	—	—	0.01±0.00
	125	13.62	Dimethyl Oxalate	草酸二甲酯	553-90-2	—	—	—	0.02±0.00
	126	11.42	Octyl formate	甲酸辛酯	112-32-3	—	—	—	0.04±0.00
	127	14.29	Isobutyl Acetate	乙酸异丁酯	110-19-0	—	—	—	0.02±0.01
	128	14.34	Heptyl Acetate	乙酸庚酯	112-06-1	—	—	—	0.03±0.01

分类	序号	RT	compound name	化合物名称	CAS号	相对含量（%）			
						A3	A2	A1	A0
酯	129	24.31	Citronellyl formate	甲酸香茅酯	105-85-1	—	—	0.09±0.01	—
	130	9.77	Buryl Sorbate	山梨酸丁酯	7367-78-4	—	—	0.03±0.00	—
	131	8.26	2-penten-4-olide	2-戊烯-4-内酯	591-11-7	—	0.08±0.01	—	—
	132	17.86	Vinyl Hexanoate	己酸乙烯基酯	3050-69-9	—	0.04±0.00	—	—
	133	18.94	n-octyl acrylate	丙烯酸辛酯	2499-59-4	—	0.65±0.06	—	—
	134	26.45	2-Octylcyclopropanedodecanoic acid methyl ester	2-辛基环丙烷十二酸甲酯	10152-65-5	0.03±0.01	—	—	—
	135	29.2	1,6-Octadien-3-ol,3,7-dimethyl-,3-(2-aminobenzoate)	2-氨基苯甲酸-3,7-二甲基-1,6-辛二烯-3-醇酯	7149-26-0	—	—	—	33.24±0.24
	136	3.09	2-Nitroethanol propionate	2-硝基乙醇丙酸酯	5390-28-3	—	0.26±0.02	—	—
					合计	0.07	1.03	0.14	33.17
呋喃	137	2.23	3-Methylfuran	3-甲基呋喃	930-27-8	0.01±0.00	—	0.03±0.01	0.01±0.00
	138	2.23	2-Methylfuran	2-甲基呋喃	534-22-5	—	0.09±0.01	—	—
	139	5.28	2-n-Propylfuran	2-正丙基呋喃	4229-91-8	—	0.01±0.01	—	—
	140	27.95	2-N-Hexylfuran	2-N-己基呋喃	3777-70-6	—	0.05±0.01	—	—
					合计	0.01	0.15	0.03	0.01

续表

分类	序号	RT	compound name	化合物名称	CAS 号	相对含量（%）				
						A3	A2	A1	A0	
	141	19.90	methylpyrazine	2-甲基吡嗪	109-08-0	—	—	—	0.02±0.01
	142	8.96	2-(pentan-2-yl) oxirane	2-(戊烷-2-基)丙环	53229-39-3	—	—	—	0.01±0.00
	143	22.10	p-Cresol	对甲酚	106-44-5	—	—	—	0.02±0.01
	144	18.93	1,7-Diacetoxyheptane	1,7-二乙酰氧基庚	52819-34-8	—	—	0.02±0.00	—
	145	3.96	3-Penten-2-one,(3E)-	反式-3-戊烯-2-酮	3102-33-8	—	—	0.04±0.01	—
	146	25.21	Paromomycin	巴氏霉素	7542-37-2	—	—	0.01±0.00	—
	147	8.38	3,5-Dimethyl-2-cyclohexen-1-one O-methyl oxime	N-甲氧基-3,5-二甲基环己-2-烯1-亚胺	56336-06-2	—	—	0.01±0.00	—
	148	1.45	Lactamide	乳酰氨	2043-43-8	—	—	0.15±0.02	
其他	149	8.37	4,5-Dihydro-1,5-dimethyl-1H-pyrazole	4,5-二氢-1,5-二甲基-1H吡唑	5775-96-2	—	0.01±0.00	—	
	150	8.70	2-Phenyl-hex-5-en-3-ol	苯基-β-D-葡萄糖吡喃糖苷水合物	77383-06-3	—	0.01±0.00	—	
	151	9.72	Phenyl-β-D-GlucopyranosideHydrate		1464-44-4	—	0.03±0.01	—	
	152	11.57	3-Ethenyl-3- methylcyclopentanone		49664-66-6	—	0.12±0.01	—	
	153	12.56	Cycloheptanone,2-methylene-	3-乙烯基环己酮	3045-99-6	—	0.02±0.01	—	
	154	12.56	3-Vinylcyclohexanone		1740-63-2	—	0.07±0.01	—	
	155	17.52	7,8-Diazabicyclo [4.2.0] octane,1-methyl-,7,8-dioxide		169522-32-1	—	0.13±0.01	—	

续表

分类	序号	RT	compound name	化合物名称	CAS号	相对含量（%）			
						A3	A2	A1	A0
	156	19.69	D-（＋）-Allose	阿洛糖	2595-97-3	—	0.56±0.04	—	—
	157	1.48	1,5-Dimethylhexylamine	1,5-二甲基己胺	543-82-8	0.08±0.00	—	—	—
	158	1.27	Carbon dioxide	二氧化碳	124-38-9	0.01±0.00	0.14±0.02	—	0.01±0.00
其他	159	1.27	Carbamic acid, monoammonium salt	氨基甲酸铵	1111-78-0	—	—	0.06±0.01	0.06±0.00
	160	12.01	Carboethoxy-1-piperazinethiocarboxylic acid 2-[1-[2-pyridyl]-2-hydroxeythylidenehydrazide		95836-66-1	0.01±0.00	—	0.01±0.00	
			合计			0.1	1.09	0.30	0.12

（2）样品挥发性成分差异分析

为了进一步分析三种烹饪方式对青花椒挥发性物质成分与青花椒原样的异同，将所得的 GC-MS 结果做韦恩图。由图 5-4 可知水煮、油炸、汽蒸和原样分别检测出 39 种、79 种、64 种、58 种挥发性物质；其中四种样品共同检测出 11 种同种物质；水煮与原样有 19 种相同物质，油炸与原样有 20 种相同物质，汽蒸与原样有 22 种相同物质。由图 5-5 可知水煮和汽蒸的主要成分为醇类和烯烃类，油炸花椒的样品主要成分种类为烯烃和醛类，而青花椒原样则主要为烯烃类，这可能是由于烯烃类物质在水溶液中发生加成反应生成醇类物质，在油溶液中高温条件下发生氧化反应生成醛类物质。

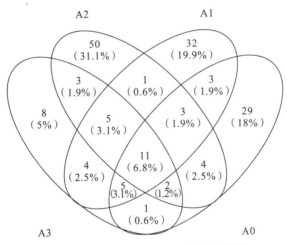

图 5-4　样品挥发性成分比较的韦恩图

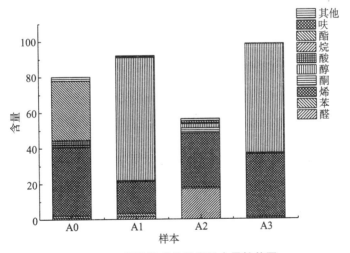

图 5-5　挥发性成分种类及含量柱状图

油炸方式的酮类和酯类相对含量及物质种类高于青花椒原样、水煮及汽蒸样品，这可能是因为油炸的温度高于其他两种烹饪处理方式，发生了化学反应引入了新的产物，例如，酮类物质一般认为是由脂肪氧化降解和美拉德反应生成的，而这些化学反应一般是在温度较高的条件下进行。

5.5　本章小结

通过电子鼻和GC-MS对水煮、油炸、汽蒸以及花椒原样进行香气总体性差异和具体挥发性物质的分析，电子鼻的雷达图结果显示水煮和汽蒸青花椒的总体香气与青花椒原样相似，而油炸方式对青花椒香味影响较大；GC-MS的结果分析显示，四个样品共有 11 种相同的挥发性物质，其主要为 3-甲基-2-丁烯醛、庚醛、山梨醛、4-异丙烯基甲苯、邻-异丙基苯、β-蒎烯（松节油、松脂香）、α-水芹烯（柑橘香味）、（Z）庚二烯、萜品油烯（松木的气味）、罗勒烯（青草味）、γ-松油烯、[1S-(1α, 4α, 5α)]-4-甲基-1-(1-甲基乙基)二环[3.1.0]己烷-3-酮；水煮花椒和汽蒸青花椒的主要挥发性物质为（R）-苧烯和里那醇。青花椒原样香气成分主要以烯烃类为主。

烹饪过程中导致食品发生一些化学性和物理性变换，从而影响食物的色香味。水煮和汽蒸传热介质皆为水，处理过后的花椒与花椒原样香味成分相近，说明水溶液相较于油溶液更有利于保存青花椒风味。油炸温度最高，其次是汽蒸，而油炸青花椒风味挥发性物质与青花椒原样差异最大，说明温度越高，对风味影响越大。本章提供了不同烹饪方法对花椒风味挥发性物质变化研究的方法及其相关信息，指导花椒相关菜肴和产品的生产。

参考文献

[1] 毕君，赵京献，王春荣，等. 国内外花椒研究概况 [J]. 经济林研究，2002，20（1）：46-48.

[2] 何扬波，李咏富，钟定江，等. 电子鼻和气相离子迁移谱技术比较瓮臭味及正常红酸汤的风味差异 [J]. 食品工业科技，2020，41（14）：216-221，227.

[3] 王俊，胡桂仙，于勇，等. 电子鼻与电子舌在食品检测中的应用研究进展 [J]. 农业工程学报，2004，20（2）：292-295.

[4] 王素霞，赵镭，史波林，等. 基于差别度的电子舌对花椒麻味物质的定量预测 [J]. 食品科学，2014（18）：84-88.

[5] 王宇，巨勇，王钊. 花椒属植物中生物活性成分研究近况 [J]. 中草药，2002，33（7）：666-670.

[6] 孙小文，段志兴. 花椒属药用植物研究进展 [J]. 药学学报，1996，31 (3)：231—240.

[7] 薛小辉，蒲彪. 花椒风味成分研究与产品开发现状 [J]. 核农学报，2013，27 (11)：1724—1728.

[8] 姚佳，蒲彪. 青花椒的研究进展 [J]. 中国调味品，2010，35 (6)：35—39.

[9] 余晓琴，郑显义，阚建全，等. 红花椒和青花椒主要品质特征指标值的评价 [J]. 食品科学，2009，30 (15)：45—48.

[10] 杨静，赵镭，史波林，等. 青花椒香气快速气相电子鼻响应特征及 GC—MS 物质基础分析 [J]. 食品科学，2015，36 (22)：69—74.

[11] 杨峥，公敬欣，张玲，等. 汉源红花椒和金阳青花椒香气活性成分研究 [J]. 中国食品学报，2014，14 (5)：226—230.

[12] Brodkorb D, Gottschall M, Marmulla R，et al. Linalool dehydratase—isomerase, a bifunctional enzyme in the anaerobic degradation of monoterpenes [J]. Journal of biological chemistry，2010，285 (40)：30436—30442.

[13] Feng T, Zhuang H N, Ye R, et al. Analysis of volatile compounds of mesona blumes gum/rice extrudates via GC—MS and electronic nose [J]. Sensors and actuators b：chemical，2011，160 (1)：964—973.

[14] Jimenez—Monreal A M, Garcia—Diz L, Martinez—Tome M, et al. Influence of cooking methods on antioxidant activity of vegetables [J]. Journal of food science，2009，74 (3)：H97—H103.

[15] KOppei K, Gibson M, Alavi S，et al. The effects of cooking process and meat inclusion on pet food flavor and texture characteristics. Animals，2014 (4)：254—71.

[16] Miglio C, Chiavaro E, Visconti A，et al. Effects of different cooking methods on nutritional and physicochemical characteristics of selected vegetables [J]. Agric food chem，2008，56 (1)：139—147.

[17] Mohd Ali M, Hashim N, Abd Aziz S, et al. Principles and recent advances in electronic nose for quality inspection of agricultural and food products [J]. Trends in food science technology，2020，99：1—10.

[18] Qiao M F, Yi Y W, Peng Y Q, et al. Impact of cooking time and methods on the color, texture, and flavor of chinese prickly ash [J]. Current topics in nutraceutical research，2020，18 (1)：56—62.

[19] Tamura M, Singh J, Kaurl L, et al. Impact of the degree of cooking on starch digestibility of rice - An in vitro study [J]. Food chemistry，2016，191：98—104.

第6章 花椒粉颗粒度对花椒油挥发性风味成分的影响

6.1 引言

花椒油是花椒的常见加工品，也是花椒在烹饪中的常见的应用形式，有效地解决了其食用不便的问题，且油炸后的花椒油风味透发性更加强，咸香风味更加浓郁，更能增加菜品的风味，是一款调味佳品。

风味作为花椒油食用品质重要因素之一，其风味品质会因花椒品种、油基、加工工艺等不同造成关键香气活性化合物的差异。对制备花椒油的油基、花椒品种、油温、浸提时间等的研究已有报道，如采用 GC−IMS 分析不同植物油浸提的挥发性成分；采用 GC−IMS 结合多元统计分析炸制时间对花椒油挥发性物质的影响，发现柠檬烯、α-水芹烯、α-松油烯、乙缩醛等物质是特征香气物质；以香气、麻味物质含量为评价指标，通过响应面法分析确定了油炸花椒油的酶解条件；以不同产地的红花椒为实验原料，通过油炸法制备花椒油，以麻感强度和麻物质含量及组成为评价指标，分析不同产区花椒油的麻感特征以及关键风味物质，其关键香气物质为芳樟烯、桉叶油醇、月桂烯、柠檬烯等。有人研究四川汉源和陕西韩城两地区花椒油的主要香气活性化合物，结果表明引起两种花椒油香气差异的关键化合物是β-水芹烯、p-伞花烃、乙酸辛酯、辛酸、香茅醇和桧烯。文献研究发现颗粒度也是影响花椒油的食用品质重要因素之一，如以棕榈油为油基，基于花椒油粒度、料液比和熬制时间三因素，制备花椒油，采用响应面法对花椒油的生产工艺进行了优化；发现颗粒度对花椒油中柠檬烯和芳樟醇溶出量影响较为显著。但是，不同花椒颗粒度对花椒油挥发性风味物质的影响少有研究报道。

基于此，本章以红花椒为原料，采用油炸法制备花椒油，通过电子鼻、GC−IMS 和 GC−MS 分析，结合香气活性值（odor activity value，OAV）和感官评价，研究不同颗粒度对花椒油挥发性香气成分的影响，以期探究制备花椒油的最佳花椒颗粒度，可为花椒油类产品的工艺优化、风味提升提供一定的数据支撑和理论依据。

6.2　试验材料和仪器

6.2.1　试验材料

花椒：爱蜀味汉源大红袍，爱蜀味京东自营店。食用油：金龙鱼菜籽油，市售。导热油：硅油，市售。以上均符合国家卫生标准。甲醇：默克化工技术有限公司。四氢呋喃：默克化工技术有限公司。以上试剂均为分析纯。

6.2.2　试验仪器

粉碎机 DFY-400（温岭市林大机械有限公司），恒温加热磁力搅拌锅 DF-101S（上海力辰西仪器科技有限公司），GC-IMS（德国 G. A. S. 公司），GC-MS-QP2010 Plus 气相色谱-质谱仪（日本 SHIMADZU 公司），FOX 4000 电子鼻（法国 Alpha MOS 公司）。称量秤、圆底烧瓶、有机滤膜等实验室常用设备。

6.3　试验方法

6.3.1 花椒油生产工艺

花椒油生产依据相关文献，生产工艺如下：干燥花椒→粉碎→过筛备用→浸提→过筛（100 目）→花椒油。

将花椒粉进行筛分，分别取 20 目、30 目、40 目、60 目、80 目花椒粉。将 120 g 菜籽油放于圆底烧瓶，在磁力搅拌油浴锅加热至 130℃，将 15 g 花椒粉置于菜籽油中浸提 20 min。待样品冷却后，经 100 目筛子过滤，滤去花椒颗粒获得花椒油，不同花椒油样品编号分别为 HJ-1、HJ-2、HJ-3、HJ-4 和 HJ-5，分别对应 20 目、30 目、40 目、60 目和 80 目。

6.3.2　花椒油感官品评

花椒油样品采用定量描述分析法（quantitative descriptive analysis,

QDA）进行风味感官评价，感官评价方法参照刘玉兰等研究并调整，将制备得到的 10 g 花椒油成品置于 50 mL PET 瓶中，经过无顺序编号后，交由具有感官评鉴理论背景的感官评定小组（人员 10 名以上）对每个样品进行感官鉴定。气味强度采用感官评定常用的 9 点标度法表示，其中 1~9 代表从极弱到极强的区间变化，呈香属性描述词参考倪瑞洁等研究并调整，描述词为焦糊、柠檬香、青草香、坚果香、木香、脂肪香，花椒油的感官描述和定义及尺度见表 6-1 和表 6-2。

表 6-1　花椒油的感官描述和定义

描述词	定义
焦糊	物质被过度加热或烘烤而产生的气味，例如咖啡
柠檬香	典型的水果特征香气，例如柠檬
青草香	新鲜割碎的青草香气，例如新鲜割碎的青草
坚果香	典型的坚果特征香气，例如杏仁、腰果
木香	典型的树木香气，例如松木
脂肪香	来源于动物脂肪及其衍生物产品的香气，例如猪油、牛油、黄油

表 6-2　感官评定尺度

评分	1	2	3	4	5	6	7	8	9
强度	极弱	很弱	较弱	稍弱	中等	稍强	较强	很强	极强

6.3.3　GC-IMS 条件

顶空进样条件：准确称量 2.0 g 花椒油，置于 20 mL 顶空进样瓶中并加盖密封，置于孵化炉中，在 50℃ 条件下孵化 20 min，进样体积为 500 μL。GC 条件：色谱柱：FS-SE-54-CB-1 色谱柱（15 m×0.53 mm），柱温为 60℃，载气/漂移气体为高纯氮气（纯度≥99.999％）。IMS 温度为 45℃，E1 漂移气流速为 150 mL/min。

6.3.4　关键风味物质 GC-MS 定量分析

色谱条件：色谱柱为 Rtx-5MS（30 m×0.25 mm×0.25 μm），柱箱初温 40℃，进样温度 270℃，在压力 49.5 kPa 下进样，柱流量为 1.00 mL/min，分流比为 3.0。柱温箱升温程序：初始为 40℃ 保持 5 min，以 5℃/min 升至

150℃，保持 2 min，再以 10℃/min 升至 280℃保持 3 min。

质谱条件：电子电离源，离子源温度 200℃，接口温度 220℃，溶剂延迟时间为 0.1 min，MS 开始时间为 0.2 min，结束时间为 45 min，间隔 0.5 s。质量扫描范围为 30~500 m/z。

定量分析条件：将 GC-MS 测定各组分结果与 NIST08 质谱库进行检索对照，取正向和反向在 800 以上的挥发性成分。以浓度为 1000 ng/mL 的邻二氯苯（溶解为甲醇）为内标物，按照公式（1）对各组分进行定量分析。

$$C_x = \frac{S_x V_o C_o}{S_o m} \tag{1}$$

式中：C_x 为未知化合物的含量（ng/g），C_o 为内标物的质量浓度（ng/mL），V_o 为内标物进样体积 mL，S_x 为未知化合物的峰面积（AU·min），S_o 为添加的内标物峰面积（AU·min），m 为试样的质量（g）。

6.3.5　电子鼻条件

称量 2.00 g 样品，置 10 mL 顶空进样瓶中并加盖密封，进行测试。样品在 70℃下加热 5 min，载气流速 150 mL/s，进样体积 500 μL，数据采集时间 2 min，数据采集延迟 3 min。每个样品测定 8 次平行试验，取后 5 次数据。

6.3.6　关键香气活性物质分析

当 OAV≥1 时，表明该香气化合物对香气的呈香有显著性影响；当 OAV<1时，表明该香气化合物对香气的呈香无显著性影响。

6.3.7　数据处理

通过 SPSS 20.0 软件计算 Pearson 相关系数，采用 Origin 2019 的 Apps 插件进行主成分分析（Principal Component Analysis，PCA）和聚类分析（Cluster Analysis，CA）并通过 Origin 2019 作图。

6.4　结果与分析

6.4.1　电子鼻分析

图 6-1 为不同颗粒度花椒油样品的香气指纹图谱，表 6-3 为 18 根传感器对应敏感物质类型。由图 6-1 可见，12 根传感器 TA/2、T40/1、T40/2、

P30/2、P40/2、P30/1、PA/2、T70/2、P40/1、P10/1、P10/2 和 T30/1 信号强度较为明显。由表 6-3 可知，花椒油中碳氢化合物、苯类、胺类、醇类、烷烃类、酮类和氯类物质信号强度较为明显。

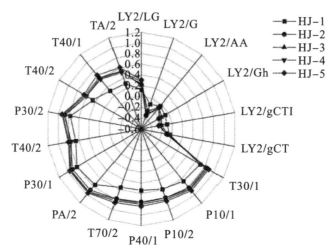

图 6-1　不同花椒油样品的电子鼻雷达图

表 6-3　电子鼻传感器对应敏感物质类型

序号	传感器名称	敏感物质类型	传感器名称	敏感物质类型
1	LY2/LG	氯、氟、氮氧化合物、硫化物	P40/1	氟、氯
2	LY2/G	氨、胺类化合物、氮氧化合物	T70/2	甲苯、二甲苯、一氧化碳
3	LY2/AA	乙醇、丙酮、氨	PA/2	乙醇、氨水、胺类化合物
4	LY2/Gh	氨、胺类化合物	P30/1	碳氢化合物、氨、乙醇
5	LY2/g CTI	硫化物	P40/2	氯、硫化氢、氟化物
6	LY2/g CT	丙烷、丁烷	P30/2	硫化氢、酮
7	T30/1	极性化合物、氯化氢	T40/2	氯
8	P10/1	非极性；碳氢化合物、氨、氯	T40/1	氟
9	P10/2	非极性；甲烷、乙烷	TA/2	乙醇

图 6-2 为不同花椒油样品的主成分分析（PCA）二维图，PCA 分析为一种数据转换和降维处理方法。由图 6-2 可见，主成分 1（PC1）和主成分 2（PC2）的贡献率分别为 94.2% 和 2.7%，二者累计贡献率为 96.9%，说明这两个主成分可以呈现样品的香气特征信息。所有的样品 HJ-1、HJ-2、HJ-3、HJ-4 和 HJ-5 数据点之间无重复，表明主成分分析能够对样品进行

识别分类。PC1 贡献率远高于 PC2，样品在 PC1 距离越大，说明不同的样品间香气差异性明显。样品 HJ-1 距离其他样品较远，说明样品 HJ-1 的香气与其他差异性明显，样品 HJ-2 、HJ-3 、HJ-4 和 HJ-5 距离较近，表明 4 个样品的香气在主成分 1 上无明显性差异。

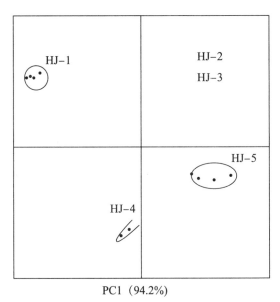

PC1 （94.2%）

图 6-2　不同花椒油样品电子鼻的主成分（PCA）分析二维图

6.4.2　GC-IMS 分析

图 6-3 （a） 为不同颗粒花椒油香气成分 GC-IMS 三维图，图中反应离子峰（reaction ion peak，RIP）的每一个峰代表一种挥发性物质。从图 6-3 （a)可知，不同颗粒度花椒油中香气化合物种类相似，但是峰强度不同，并且随着颗粒度目数增加，香气化合物峰强度增加。图 6-3 （b） 为不同颗粒度花椒油香气成分 GC-IMS 二维图，RIP 峰每个点代表一种香气化合物，而香气化合物的浓度高低由点的颜色（红色）深浅表示，颜色越深表明其浓度越高，反之浓度越低。有的化合物含有两个或多个斑点，分别代表性质和浓度的不同的二聚体或三聚体。由图 6-3 （b） 可见，RIP 峰的点颜色随着颗粒度目数的增加而加深，表明增加颗粒度目数可增加香气化合物的浓度。

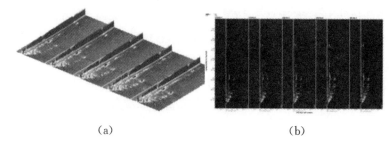

（a） （b）

图6-3 花椒油香气成分 GC-IMS 三维图和二维图

为进一步比较不同样品的香气化合物的差异性，利用仪器自带的 Gallery Plot 插件生成所有峰的指纹谱图，结果如图 6-4 所示。图 6-4 中每一行表示一个样品所有的香气化合物，每一列表示同一种香气化合物在不同样品的浓度。图 6-4 中 A 区的 67 种香气化合物随着颗粒度增加而颜色加深，A 区主要化合物有水芹烯、苯乙醛-D、2-乙基-5-甲基吡嗪、2,4-庚二烯醛、2-乙酰基吡咯、壬醛、β-蒎烯、γ-松油烯、芳樟醇、2-茨醇、苯乙醇、苯乙酸甲酯、乙酸芳樟酯和乙酸龙脑酯，其中芳樟醇、水芹烯、β-蒎烯、2,4-庚二烯醛和乙酸芳樟酯对花椒油风味贡献明显。B 区的 26 种香气化合物随之颜色变浅，主要有 3-羟基-2-丁酮、4-甲基噻唑、3-甲基-2-丁烯醛、异戊酸、3-甲硫基丙醛、正戊醛、2,5-二甲基呋喃、丙酸丁酯-D 和 3-甲基戊酸，其中 3-甲基-2-丁烯醛和正戊醛在花椒油和精油中被检测到。C 区的 25 种香气化合物颜色无明显变化，主要有 γ-松油烯-M、2,3-丁二醇、反式-2-戊烯醛、甲酸异丁酯、2-甲基吡嗪、糠醇、2-异丁基-3-甲基吡嗪、2-乙基-3,5-二甲基吡嗪和 2,3-二乙基吡嗪-M，其中糠醇和 γ-松油烯-M 对花椒油的风味贡献较大。

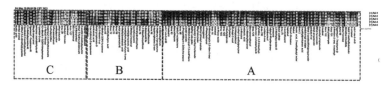

图6-4 花椒油香气成分指纹谱图

表 6-4 为 GC-IMS 数据库对不同颗粒度花椒油香气物质定性分析结果，从样品中花椒油香气成分共检测 118 种，已定性 98 种，未定性为 20 种，待进一步研究。98 种已定性物种中包含 13 种醛类、11 种酮类、12 种醇类、22 种酯类、16 种杂环类、7 种酸类、7 种烯烃类、2 种酚类和 8 种其他化合物。根据花椒油香气成分指纹图谱上的信号强度，换算花椒油中挥发性组分的相对含量。由图 6-5 可见，花椒油样品挥发性成分的醛类占比 7.19%～7.57%，酮

类占比 9.17％～14.57％，醇类占比 8.63％～9.19％，酯类占比 14.35％～18.97％，酸类占比 6.87％～9.82％，杂环占比 18.42％～23.67％，烯烃占比 4.37％～6.24％，酚类占比 1.80％～2.31％，其他占比 5.48％～9.97％和未定性占比 9.05％～12.76％。其中醛类、醇类和酚类相对含量无明显差异，酮类、酸类和杂环类相对含量随颗粒度增加而增加，而酯类、烯类、其他类和未定性化合物相对含量随之降低。

由表 6-4 可见，根据参考文献，确定了 14 种花椒油关键香气物质。醛类物质中庚醛、戊醛、壬醛、(E)-2-庚烯醛和（E,E)-2,4-庚二烯醛，为花椒油提供脂肪香，归因于这些化合物通过脂质氧化而来。醇类化合物中苯乙醇、芳樟醇和糠醇可提供花椒油花香、焦香、面包香等香气。酯类物质中乙酸芳樟酯和苯乙酸甲酯，可提供花椒油木香、果香和玫瑰花香，烯烃类化合物中 γ-松油烯、水芹烯和 β-蒎烯可提供花椒油木香和柠檬香，酸类物质醋酸可赋予花椒油醋香，杂环类、酸类、酮类和酚类物质可赋予花椒油坚果香、焙烤香、奶酪香和甜香，这些化合物共同构成了花椒油独特的香气风味。

表 6-4　花椒油香气物质鉴定结果

	序号	名称	分子式	RI 值	迁移时间 /ms	风味描述
醛	1	2-十一烯醛	$C_{11}H_{20}O$	1300.0	1.48710	金属香
	2	苯乙醛	C_8H_8O	1049.0	1.25267	
	3	庚醛*	$C_7H_{14}O$	891.2	1.35901	脂肪香、花香、柠檬香
	4	3-甲基-2-丁烯醛	C_5H_8O	782.0	1.08209	
	5	3-甲基-2-丁烯醛	C_5H_8O	791.6	1.30815	
	6	反式-2-戊烯醛	C_5H_8O	751.7	1.35492	坚果香
	7	正戊醛*	$C_5H_{10}O$	683.8	1.41680	奶酪香
	8	壬醛*	$C_9H_{18}O$	1136.0	1.45572	柑橘香、脂肪香
	9	水杨醛	$C_7H_6O_2$	1048.5	1.15144	
	10	(E)-2-庚烯醛*	$C_7H_{12}O$	956.3	1.66197	奶酪香
	11	(E,E)-2,4-庚二烯醛*	$C_7H_{10}O$	1000.2	1.60766	脂肪香、花香、草香
	12	苯乙醛	C_8H_8O	1047.2	1.55792	花香、坚果香
	13	3-甲硫基丙醛	C_4H_8OS	899.1	1.40750	熟土豆香
酮	1	6-甲基-3,5-庚二烯-2-酮	$C_8H_{12}O$	1113.1	1.20555	
	2	四氢噻吩-3-酮	C_4H_6OS	960.0	1.43204	
	3	过氧化乙酰丙酮	$C_5H_8O_3$	878.7	1.21591	

	序号	名称	分子式	RI值	迁移时间/ms	风味描述
酮	4	环己酮	$C_6H_{10}O$	897.2	1.46660	
	5	5-甲基-3H-呋喃-2-酮	$C_5H_6O_2$	858.5	1.40241	
	6	2-甲基四氢呋喃-3-酮	$C_5H_8O_2$	792.3	1.41728	
	7	1-戊烯-3-酮	C_5H_8O	686.0	1.31133	辛辣香
	8	3-羟基-2-丁酮	$C_4H_8O_2$	708.3	1.05552	
	9	羟基丙酮	$C_3H_6O_2$	665.8	1.04448	
	10	4-甲基-3-戊烯-2-酮	$C_6H_{10}O$	804.4	1.11194	
	11	1-辛烯-3-酮	$C_8H_{14}O$	979.1	1.66436	土香、草木香、蘑菇香
醇	1	2-茨醇	$C_{10}H_{18}O$	1169.2	1.20911	薄荷香
	2	苯乙醇*	$C_8H_{10}O$	1130.9	1.66001	玫瑰香、面包香
	3	芳樟醇*	$C_{10}H_{18}O$	1102.4	1.68217	柑橘香、花香
	4	2,6-二甲基-7-辛烯-2-醇	$C_{10}H_{20}O$	1062.8	1.21560	
	5	1-辛烯-3-醇	$C_8H_{16}O$	980.0	1.14422	蘑菇香、泥土香
	6	反式-2-己烯醇	$C_6H_{12}O$	869.6	1.48318	
	7	糠醇*	$C_5H_6O_2$	851.2	1.35515	焦香
	8	1-戊醇	$C_5H_{12}O$	768.8	1.25774	发酵面包香
	9	2,3-丁二醇	$C_4H_{10}O_2$	793.3	1.36564	溶剂香、金属香
	10	苯甲醇	C_7H_8O	1046.1	1.51034	苦杏仁香气
	11	仲辛醇	$C_8H_{18}O$	999.5	1.44309	柑橘香
	12	3-辛醇	$C_8H_{16}O$	979.1	1.59146	
酯	1	乙酸龙脑酯	$C_{12}H_{20}O_2$	1281.3	1.21028	木香
	2	乙酸芳樟酯*	$C_{12}H_{20}O_2$	1243.0	1.21028	果香
	3	水杨酸甲酯	$C_8H_8O_3$	1185.7	1.20809	花香
	4	苯乙酸甲酯*	$C_9H_{10}O_2$	1169.6	1.24735	玫瑰花香
	5	3-甲硫基丙酸乙酯	$C_6H_{12}O_2S$	1097.3	1.20761	甜香
	6	2-甲基丁酸-3-甲基丁酯	$C_{10}H_{20}O_2$	1101.3	1.41925	果香
	7	正己酸乙酯	$C_8H_{16}O_2$	999.8	1.34997	菠萝香
	8	丁酸甲酯	$C_5H_{10}O_2$	1008.3	1.44634	菠萝香
	9	丙酸丁酯	$C_7H_{14}O_2$	902.1	1.27689	苹果香
	10	乙酸 2-甲基丁酯	$C_7H_{14}O_2$	875.1	1.27903	
	11	3-羟基丁酸乙酯	$C_6H_{12}O_3$	938.1	1.16669	果香、葡萄香

续表

	序号	名称	分子式	RI值	迁移时间/ms	风味描述
酯	12	丙酸丁酯	$C_7H_{14}O_2$	914.2	1.72578	苹果香
	13	2-甲基丁酸-1-甲基乙酯	$C_8H_{16}O_2$	862.0	1.74531	果香
	14	丁酸乙酯	$C_6H_{12}O_2$	795.1	1.20759	凤梨香、果香
	15	甲酸异丁酯	$C_5H_{10}O_2$	674.8	1.51335	甜香
	16	丁位辛内酯	$C_8H_{14}O_2$	1282.3	1.75111	乳脂香
	17	丙位庚内酯	$C_7H_{12}O_2$	1169.2	1.66618	焦香
	18	苯甲酸乙酯	$C_9H_{10}O_2$	1167.8	1.71954	水果香
	19	丙酸异戊酯	$C_8H_{16}O_2$	963.2	1.35861	花香、果香
	20	丁酸 2-甲基丁酯	$C_9H_{18}O_2$	1050.1	1.38150	水果香
	21	丙酸乙酯	$C_5H_{10}O_2$	717.0	1.15548	
	22	甲酸丁酯	$C_5H_{10}O_2$	732.1	1.20441	
杂环	1	2-异丁基-3-甲基吡嗪	$C_9H_{14}N_2$	1150.0	1.29771	甜椒香、土香
	2	2-乙酰基-3-甲基吡嗪	$C_7H_8N_2O$	1079.5	1.16492	
	3	2,3-二乙基吡嗪	$C_8H_{12}N_2$	1084.8	1.20912	坚果香
	4	2-乙基-3,5-二甲基吡嗪	$C_8H_{12}N_2$	1078.6	1.21653	烧烤香
	5	2,3-二乙基吡嗪	$C_8H_{12}N_2$	1081.3	1.69838	坚果香
	6	2-乙酰基噻唑	C_5H_5NOS	1008.5	1.11854	豌豆香、焙烤香
	7	3-乙基吡啶	C_7H_9N	958.8	1.53154	
	8	2,5-二甲基呋喃	C_6H_8O	702.5	1.35838	坚果香
	9	4-甲基噻唑	C_4H_5NS	807.5	1.05331	焙烤香
	10	1,2-苯并吡喃	$C_9H_6O_2$	1430.0	1.21875	
	11	苯并噻唑	C_7H_5NS	1244.3	1.16346	
	12	(2S-顺)-四氢化-4-甲基-2-(2-甲基-1-丙烯基)-2H-吡喃	$C_{10}H_{18}O$	1118.0	1.38655	
	13	2-乙酰基吡咯	C_6H_7NO	1073.7	1.11668	坚果香、烤肉香
	14	2,4,6-三甲基吡啶	$C_8H_{11}N$	1017.7	1.58702	
	15	2-乙基-5-甲基吡嗪	$C_7H_{10}N_2$	997.4	1.19935	坚果香、甜香、焙烤香
	16	2-甲基吡嗪	$C_5H_6N_2$	828.5	1.05482	坚果香
酸	1	醋酸*	$C_2H_4O_2$	1500.6	1.04316	醋香
	2	3-甲基戊酸	$C_6H_{12}O_2$	972.5	1.27398	奶酪香
	3	2-甲基戊酸	$C_6H_{12}O_2$	1042.6	1.58719	奶酪香
	4	正戊酸	$C_5H_{10}O_2$	909.7	1.21912	奶酪香、辣香

	序号	名称	分子式	RI值	迁移时间/ms	风味描述
酸	5	异戊酸	$C_5H_{10}O_2$	817.4	1.20084	奶酪香、果香
	6	异丁酸	$C_4H_8O_2$	762.6	1.39779	奶酪香、果香
	7	丁酸	$C_4H_8O_2$	801.4	1.15548	奶酪香
烯	1	γ-松油烯-M*	$C_{10}H_{16}$	1057.2	1.21190	木香、柠檬香
	2	γ-松油烯-D	$C_{10}H_{16}$	1061.6	1.70950	木香、柠檬香
	3	β-罗勒烯	$C_{10}H_{16}$	1045.8	1.66132	辛辣香
	4	γ-松油烯	$C_{10}H_{16}$	1016.2	1.20819	木香、柠檬香
	5	水芹烯*	$C_{10}H_{16}$	1016.5	1.66039	
	6	β-蒎烯*	$C_{10}H_{16}$	971.9	1.63445	木香
	7	双戊烯	$C_{10}H_{16}$	1031.8	1.21010	
酚	1	异丁香酚	$C_{10}H_{12}O_2$	1436.8	1.29192	
	2	甲基麦芽酚	$C_6H_6O_3$	1130.3	1.21278	甜香、果香
其他	1	2-甲基-4-丙基-1,3-氧硫杂环己烷	$C_8H_{16}OS$	1138.0	1.71873	
	2	二丁基硫醚	$C_8H_{18}S$	1084.0	1.28810	
	3	乙二醇二甲醚	$C_4H_{10}O_2$	645.0	1.27806	
	4	烯丙基腈	C_4H_5N	651.6	1.24804	
	5	4-异丙基甲苯	$C_{10}H_{14}$	1021.0	1.30569	
	6	二甲基三硫	$C_2H_6S_3$	961.2	1.30722	
	7	1,4-二氧六环	$C_4H_8O_2$	699.5	1.11563	
	8	邻二甲苯	C_8H_{10}	882.1	1.06321	

注："*"表示花椒油关键风味物质。

花椒油香气物质相对含量如图6−5所示。

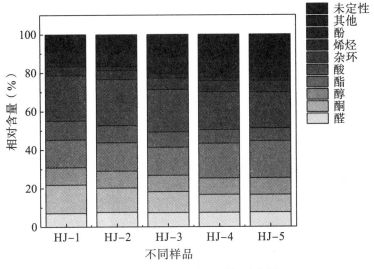

图6-5　花椒油香气物质相对含量

6.4.3　花椒油的聚类分析

为进一步探究不同颗粒度花椒油的香气化合物差异性，采用系统聚类分析花椒油样品间的差异性。系统聚类分析可根据花椒油样品之间距离远近关系进行分类，样品间聚类越近表明二者样品间相似度越高。根据花椒油的GC-IMS的香气化合物相对含量进行系统聚类分析。由图6-6可见，花椒油聚类分析表明平均距离为6时，不同颗粒度花椒油被分为2个聚类，样品HJ-4和HJ-5聚为一类，表明60目和80目花椒粉制备的花椒油香气化合物相似性较大，样品HJ-1、HJ-2和HJ-3聚为一类，说明20目、30目和40目花椒粉制备的花椒油香气化合物相似性较大。同时，在平均距离为3时，样品HJ-1、HJ-2和HJ-3的聚类可以分为两类，其中30目和40目花椒油制聚为一类。以上聚类结果可能是由于花椒颗粒度目数增加，可以增大植物油和花椒颗粒的接触面积，提高花椒有效物质的溶出，使得花椒油的香气化合物随着颗粒度目数的增加而增强，因此，高目数的60目和80目花椒油的香气化合物相似，30目和40目花椒油的香气化合物相似。

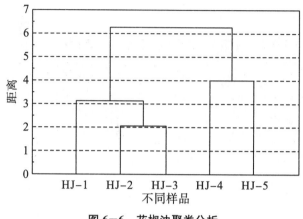

图 6-6　花椒油聚类分析

6.4.4　花椒油关键风味物质分析

OAV 值在风味研究中应用广泛，其代表单一的香气成分对整体香气的贡献程度。通过参考文献确定样品花椒油的 14 种关键香气物质，同时采用 GC-MS 对不同颗粒度的花椒油香气化合物进行定量分析花椒油关键香气化合物中 OAV 值，结果见表 6-5。由表 6-5 可见，5 个花椒油样品中共 14 种化合物的 OAV 值大于 1，分别为庚醛、戊醛、（E）-2-庚烯醛、（E，E）-2，4-庚二烯醛、壬醛、芳樟醇、糠醇、苯乙醇、乙酸芳樟酯、苯乙酸甲酯、醋酸、γ-松油烯、水芹烯和 β-蒎烯。样品 HJ-2 和 HJ-3 的戊醛、壬醛、芳樟醇、乙酸芳樟酯、苯乙酸甲酯、γ-松油烯、水芹烯和 β-蒎烯高于 HJ-1，归因于颗粒度降低，可增加关键风味物质的溶出。同时，样品 HJ-4 和 HJ-5 的（E，E）-2,4-庚二烯醛、芳樟醇、苯乙醇、乙酸芳樟酯、苯乙酸甲酯、γ-松油烯、水芹烯和 β-蒎烯 OAV 值大于样品 HJ-1、HJ-2 和 HJ-3，且大于 100，尤其是芳樟醇 OAV 值大于 1000，表明样品 HJ-4 和 HJ-5 的关键风味较为突出，且二者相似性较高，这与样品的风味聚类分析结果相似。此外，样品 HJ-4 中芳樟醇、乙酸芳樟酯、苯乙酸甲酯和 γ-松油烯的 OAV 值最大，说明 HJ-4 关键香气化合物对花椒油香气贡献突出。

表 6-5　花椒油特征香气成分的 OAV

化合物	阈值/(mg/kg)	OAV(气味活度值)				
		HJ-1	HJ-2	HJ-3	HJ-4	HJ-5
庚醛	0.23	6.33	0.00	6.15	0.00	0.00
戊醛	0.15	8.56	20.38	23.67	58.96	47.87
(E)-2-庚烯醛	0.75	24.82	16.91	20.34	67.44	70.92
(E,E)-2,4-庚二烯醛	0.10	707.05	156.79	163.50	407.23	352.14
壬醛	1.00	0.00	12.92	10.63	35.06	34.15
芳樟醇	0.04	1276.38	1691.94	1339.68	8735.27	1339.68
糠醇	0.72	5.42	4.73	6.46	22.81	6.46
苯乙醇	0.21	31.62	26.66	17.48	125.85	17.48
乙酸芳樟酯	1.00	43.06	61.53	45.42	304.00	263.35
苯乙酸甲酯	0.10	34.67	42.15	65.38	230.43	189.56
醋酸	1.05	18.56	18.77	17.03	7.70	7.29
γ-松油烯	0.20	54.79	112.44	77.10	1043.71	1050.91
水芹烯	0.04	134.04	335.32	203.15	568.34	489.79
β-蒎烯	0.14	116.79	169.47	213.78	362.58	405.86

6.4.5　感官评价

图 6-7 为不同颗粒度花椒油的感官评价风味雷达图，采用食品风味轮描述不同颗粒度花椒油的风味差异性。由图 6-7 可见，样品 HJ-4 和 HJ-5 的木香、脂肪香、柠檬香和坚果香风味强度较高，尤其是样品 HJ-4，该结果与电子鼻的雷达图结果相似，可能由于颗粒目数增加，有利于香气化合物溶出，使得花椒油中含有较多的（E,E）-2,4-庚二烯醛、水芹烯、β-蒎烯、γ-松油烯、芳樟醇、杂环类等化合物。同时，样品 HJ-4 和 HJ-5 的焦香味强度高于其他样品，归因于样品 HJ-4 和 HJ-5 颗粒度较小，在油浸过程中团聚产生焦煳味。

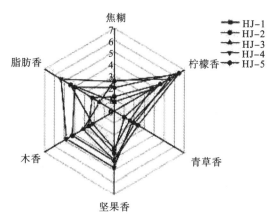

图 6-7 花椒油感官评价雷达图

6.4.6 相关性分析

为研究感官属性与花椒油关键风味物质的相关性，采用 Pearson 相关系数关联性确定每个感官属性显著性相关的关键风味物质。由图 6-8 可见，柠檬香、木香、坚果香以及脂肪香与大部分香气化合物呈现正相关，如柠檬香与戊醛、壬醛和 β-蒎烯相关性显著；坚果香与戊醛相关性显著（$P<0.05$）；木香与（E）-2-庚烯醛、壬醛、乙酸芳樟酯、γ-松油酯、水芹烯和 β-蒎烯正相关性显著（$P<0.05$），且与戊醛和苯乙酸甲酯正相关极显著（$P<0.01$），庚醛和醋酸与所有感官属性负相关，且醋酸与柠檬香和木香负相关显著（$P<0.05$）。

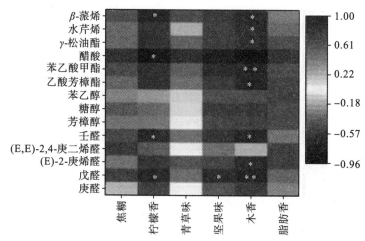

图 6-8 感官评价和特征香气 Pearson 相关性图

注：红色和蓝色分别表示正（$0<r<1$）和负（$-1<r<0$）相关性；其中"*"表示相关性显著（$P<0.05$）"***"表示相关性极显著（$P<0.01$）。

6.5　本章小结

　　本章采用电子鼻、GC—IMS、GC—MS 和定量描述分析法对不同颗粒度的花椒油的挥发性成分进行分析。电子鼻和聚类结果分析表明，花椒油中碳氢化合物、苯类、醇类、烷烃类、酮类和氯类物质信号强度较为明显，其中样品 HJ—1（20 目）与其他样品在主成分 1 中差异性明显，HJ—4（60 目）和 HJ—5（80 目）花椒油样品的香气化合物相似，HJ—2（30 目）和 HJ—3（40 目）花椒油样品的香气化合物相似。通过 GC—IMS 对花椒油的香气成分共鉴定出 118 种，已定性 98 种，未定性 20 种，已定性的物质中包含 13 种醛类、11 种酮类、12 种醇类、22 种酯类、16 种杂环类、7 种酸类、7 种烯烃类、2 种酚类和 8 种其他化合物。采用 OAV 法确定有 14 种花椒油中关键香气化合物，其中样品 HJ—4 和 HJ—5 的（E,E)-2,4-庚二烯醛、芳樟醇、苯乙醇、乙酸芳樟酯、苯乙酸甲酯、γ-松油烯、水芹烯和 β-蒎烯的 OAV 值大于 100，尤其是芳樟醇 OAV 值大于 1000。通过定量描述分析法表明样品 HJ—4 和 HJ—5 的木香、脂肪香、柠檬香和坚果香风味强度较高，且焦糊味强度高于其他样品。通过 Pearson 相关性分析发现感官属性柠檬香、木香、坚果香和脂肪香与大部分香气化合物呈现强正相关，庚醛和醋酸与所有感官属性负相关。由结果可知，60 目花椒粉制备花椒油的关键风味物质对花椒油的风味贡献突出，表现出最佳的香气感官品质。由此可见，花椒油的香气差异与花椒粉的颗粒度大小有密切关系，关键风味物质的分析对花椒油的香气化合物分析及感官属性研究至关重要，对于不同产区同一品种同等目数制备的花椒油关键风味物质存在明显差异性有待深入研究。本章对花椒油生产的质量控制有积极意义，为实际生产及应用提供理论依据，也为相关研究提供方法借鉴。

参考文献

[1] 曹雁平，张东. 固相微萃取—气相色谱质谱联用分析花椒挥发性成分 [J]. 食品科学，2011，32（8）：190−193.

[2] 程小雪，袁永俊，胡丽丽，等. 中温浸提法制备食用花椒调味油及其成分分析 [J]. 中国酿造，2014，33（2）：42−45.

[3] 高夏洁，钟葵，赵镭，等. 我国不同产区花椒油的椒麻感官特性及物质组成 [J]. 食品科学. 2022，43（8）：281−286.

[4] 高夏洁，高海燕，赵镭，等. SPME—GC—MS 结合 OAV 分析不同产区花椒炸花椒油的

关键香气物质 [J]. 食品科学, 2022, 43 (4): 208-213.

[5] 郝旭东, 张盛贵, 王倩文, 等. 四个不同地区大红袍花椒主题风味物质分析研究及香气评价 [J]. 食品与发酵科技, 2021, 57 (4): 53-74.

[6] 金婷, 王玮, 谭胜兵, 等. 基于电子鼻及QDA法分析不同食用油对焙烤燕麦片感官品质的影响 [J]. 中国粮油学报, 2020, 35 (12): 164-169.

[7] 金文刚, 别玲玲, 裴金金, 等. 基于GC-IMS技术分析炖煮过程中大鲵头汤挥发性风味物质 [J]. 食品工业科技, 2021, 42 (19): 307-313.

[8] 课净璇, 瞿瑷, 黎杉珊, 等. 基于GC-MS建立花椒挥发油指纹图谱及在汉源红花椒鉴定中的应用 [J]. 中国粮油学报, 2018, 33 (11): 116-123.

[9] 李锦, 刘玉兰, 徐晨辉, 等. 花椒风味油的制备及品质研究 [J]. 中国油脂, 2020, 45 (2): 24-29.

[10] 刘学艳, 王娟, 彭云, 等. 基于GC-IMS对勐海县晒青毛茶的挥发性组分分析 [J]. 食品工业科技, 2021, 42 (14): 233-240.

[11] 刘玉兰, 李锦, 王格平, 等. 花椒籽油与花椒油风味及综合品质对比分析 [J]. 食品科学, 2021, 42 (14): 195-200.

[12] 李笑梅, 邢竺静, 赵廉诚, 等. 基于主成分与聚类分析法的制备豆浆用大豆的品质指标综合评价 [J]. 食品科学, 2020, 41 (15): 4-71.

[13] 倪瑞洁, 詹萍, 田洪磊. 基于GC-IMS结合多元统计方法分析炸制时间对花椒调味油挥发性物质的影响 [J]. 食品科学, 2022, 43 (6): 279-286.

[14] 彭彰智, 彭超, 潘军辉, 等. 响应面法优化棕榈油基花椒调味油的生产工艺及其贮藏稳定性研究 [J]. 中国调味品. 2021, 46 (9): 58-64.

[15] 魏光强, 李子怡, 黄艾祥, 等. 基于游离氨基酸、挥发性组分和感官评价的两种酸化技术加工乳饼的滋味特征差异分析 [J]. 食品科学, 2021, 42 (22): 263-268.

[16] 王娟, 杜静怡, 贾雪颖, 等. 花椒精油及其水提物的香气活性成分分析 [J]. 食品工业科技, 2021, 42 (20): 229-241.

[17] 王林, 胡金祥, 乔明锋, 等. 南方4产区红花椒挥发性物质鉴定及差异研究 [J]. 中国调味品, 2022, 47 (6): 165-170.

[18] 王立艳, 陈吉江, 安骏, 等. 混合原料制取花椒油工艺优化及挥发成分分析 [J]. 食品与生物技术学报, 2019, 38 (8): 8-21.

[19] 肖岚, 幸勇, 唐英明, 等. 气相色谱-离子迁移谱图分析不同植物油浸提的花椒油的挥发性成分 [J]. 中国油脂, 2020, 45 (8): 138-143.

[20] 向敏, 徐茂, 王子涵, 等. 混合乳酸菌发酵对桑叶中挥发性关键异味组分的影响 [J]. 食品与发酵工业, 2020, 46 (20): 241-248.

[21] 袁灿, 何莲, 胡金祥, 等. 基于电子舌和电子鼻结合氨基酸分析鱼香肉丝调料风味的差异 [J]. 食品工业科技, 2022, 43 (9): 48-55.

[22] 叶洵, 刘子博, 张婷, 等. 基于GC-MS结合保留指数法建立花椒挥发油指纹图谱

［J］. 中国调味品，2022，47（4）：68－73.

［23］张伟博，王米其，王鹏杰. 响应面法优化炸花椒油中酶解工艺［J］. 中国调味品. 2021，46（11）：1－7.

［24］Huo Z H, Xu D P, Biao P, et al. Predicting distribution of Zanthoxylum bungeanum maxim in China［J］. BMC ecolgy, 2020, 20（1）：46.

［25］Jie Y, Li S M, Ho C T. Chemical composition, sensory properties and application of Sichuan pepper (Zanthoxylum genus)［J］. Food science and human wellness, 2019, 8 （2）：115－125.

［26］Li X F, Zhu J C, Li C, et al. Evolution of volatile compounds and spoilage bacteria in smoked bacon during refrigeration using an e－nose and gc－ms combined with partial least squares regression［J］. Molecules, 2018, 23（12）：3286.

［27］Li M Q, Yang R W, Zhang H, et al. Development of a flavor fingerprint by HS－GC－IMS with PCA for volatile compounds of tricholoma matsutake singer［J］. Food chemistry, 2019, 290：32－39.

［28］Ni R J, Yan H Y, Tian H L, et al. Characterization of key odorants in fried red and green huajiao (Zanthoxylum bungeanum maxim. and Zanthoxylum schinifolium sieb. et Zucc.) oils［J］. Food chemistry, 2022, 377：131984.

［29］Liu S M, Wang S J, Song S Y, et al. Characteristic differences in essential oil composition of six Zanthoxylum bungeanum Maxim. (Rutaceae) cultivars and their biological significance［J］. Journal of zhejiang university－science b (Biomedicine & biotechnology), 2017, 18（10）：917－920.

［30］Sun J, Sun B G, Ren F Z, et al. Characterization of key odorants in hanyuan and hancheng fried pepper (Zanthoxylum bungeanum) oil［J］. Journal of agricultural and food chemistry, 2020, 68（23）：6403－6411.

第 7 章 花椒对椒麻糊挥发性物质的影响

7.1 引言

椒麻糊是以葱青叶、红花椒、菜籽油为原料制作的一种常用于中高端冷菜的味型，是川菜中的经典复合味型。其色泽青翠、口感微麻，具有葱叶和红花椒的自然香味，主要应用于异味小的动物性原料，如兔肉、鸡肉、猪肚等中。改良后的椒麻糊会添加酱油、芝麻油等。川菜中的椒麻糊与新疆的椒麻鸡的差异主要在于葱叶和辣椒油的使用，因此二者在气味和滋味上差异较大。对椒麻糊的研究比较少，且是厨师自身经验的总结和配方优化。有研究用青花椒和二荆条代替传统椒麻糊配方中的红花椒和小葱，利用正交实验优化了椒麻糊的配方及工艺流程等。这些研究都是对椒麻糊的宏观研究，未对椒麻糊中具体的风味物质进行研究，也未探讨原料对其风味的影响。另外，针对食品风味的研究主要包括风味物质的萃取（顶空萃取、同时蒸馏、固相微萃取、超临界流体、溶剂辅助蒸馏等）和具体成分的检测（LC−MS、GC−MS、GC−O 和电子鼻技术等）两个方面。GC−MS 是气相色谱−质谱技术的简称，二者结合可以实现复杂有机化合物的分离和定性，作为分析挥发性物质的有效工具，广泛应用于调味品、肉制品等中。

本章拟采用 GC−MS 分析红花椒、油淋葱和椒麻糊，研究传统椒麻糊中红花椒对椒麻糊挥发性物质的影响，为川式经典复合味型指纹图谱的构建和工业化提供了参考。

7.2　试验材料和仪器

7.2.1　试验材料

四川红花椒、金龙鱼特香菜籽油（5 L）、香葱，均购于成都市某超市。

7.2.2　试验仪器

PC-420D专用磁力加热搅拌装置、75 μm CAR/PDMS 手动萃取头（美国 Supelco 公司）、Clarus 680 气相色谱仪、Clarus SQ8T 质谱仪、Elite-5MS 色谱柱（30 m×0.25 mm×0.25 μm）、20 mL 顶空瓶（美国 PerkinElmer 公司）、其他实验室常用设备。

7.3　试验方法

7.3.1　样品配方、加工方法及样品前处理方法

红花椒去籽去梗、铡碎，称取 2.0 g，置于 GC-MS 检测专用瓶（20 mL）内，加入聚四氟乙烯搅拌子密封，待测。油淋葱（油淋葱为椒麻糊的半成品）：将葱青叶铡碎，取 250 g，将 200 g 160℃的菜籽油淋在铡碎的葱青叶上，搅拌均匀，然后用保鲜膜包裹严实，防止气味物质外泄；静置 2 h 后，取 2.0 g 置于 GC-MS 检测专用瓶（20 mL）内，加入聚四氟乙烯搅拌子密封，待测。椒麻糊配方：红花椒 30 g，葱青叶 250 g，菜籽油 200 g。椒麻糊：将红花椒去籽，葱青叶用菜刀铡成细末，用 160℃的菜籽油淋，然后用保鲜膜包裹严实，防止气味物质外泄；静置 2 h 后，搅匀，取 2.0 g 装入 GC-MS 检测专用瓶（20 mL）内，并加入聚四氟乙烯搅拌子密封，待测。

7.3.2　样品萃取条件及 GC-MS 检测条件

固相微萃取：磁力搅拌装置温度 70℃，平衡 10 min，然后将老化（250℃，10 min）的萃取针扎入样品瓶中，并伸出萃取头，萃取吸附20 min，随后插入 GC-MS 进样口，解吸 10 min。

色谱条件：Elite-5MS 色谱柱（30 m×0.25 mm× 0.25μm）。进样口温度250℃，升温程序：起始温度40℃，保留 10 min，以 5℃/min升温至220℃，

以 10℃/min 升温至 250℃，保留 6 min。载气（He 99.999%）流速 1.0 mL/min。

质谱条件：EI 离子源，电子轰击能量 70 eV，离子源温度 250℃，电子倍增器电压 1430 V；质量扫描范围：45~400 m/z；扫描延迟 1.1 min；标准调谐文件。

定性方法：选取正反匹配度均大于 700，参考 NIST 2011 谱库，同时结合人工和参考文献解谱。

7.3.3 数据处理

采用 Origin 2018 作图。

7.4 试验结果

7.4.1 挥发性物质检测结果

红花椒（铡碎）、油淋葱和椒麻糊成品的 GC—MS 检测结果见表 7-1。

表 7-1 样品 GC—MS 检测

序号	中英文名称	化学式	CAS	含量(%)		
				红花椒	油淋葱	椒麻糊
烯烃类						
1	α-侧柏烯 α-Thujene	$C_{10}H_{16}$	2867-05-2	0.782	0.215	0.899
2	巴伦西亚橘烯(＋)-Valencene	$C_{15}H_{24}$	4630-07-3	0.123	—	—
3	α-衣兰油烯 α-Muurolene	$C_{15}H_{24}$	10208-80-7	0.027	—	—
4	顺-3-辛烯 cis-3-Octene	C_8H_{16}	14850-22-7	—	0.352	—
5	反-3-辛烯 trans-3-Octene	C_8H_{16}	14919-01-8	—	0.408	—
6	大根香叶烯 B (1E,4E)-GermacreneB	$C_{15}H_{24}$	15423-57-1	0.022	—	—
7	(-)-α-荜澄茄油烯(-)-α-Cubebene	$C_{15}H_{24}$	17699-14-8	0.300	—	—
8	1-乙基-1,4-环己二烯 1-Ethyl-1,4-cyclohexadiene	C_8H_{12}	19841-74-8	—	0.081	—
9	(-)-α-蒎烯(-)-α-Pinene	$C_{15}H_{24}$	3856-25-5	0.209	—	—
10	γ-杜松烯 γ-Cadinene	$C_{15}H_{24}$	39029-41-9	0.167	—	—

序号	中英文名称	化学式	CAS	含量(%)		
				红花椒	油淋葱	椒麻糊
11	(3E,5E)-2,6-二甲基-1,3,5,7-辛四烯 (3E,5E)-2,6-Dimethyl-1,3,5,7-octatetracene	$C_{10}H_{14}$	460-01-5	0.049	—	—
12	δ-荜橙茄烯 δ-Cadinene	$C_{15}H_{24}$	483-76-1	0.261	—	—
13	p-薄荷三烯 p-Menthatriene	$C_{10}H_{14}$	18368-95-1	—	0.113	0.019
14	4-蒎烯 4-Pinene	$C_{10}H_{16}$	29050-33-7	—	0.189	0.247
15	γ-松油烯 γ-Terpinene	$C_{10}H_{16}$	99-85-4	1.987	1.872	2.390
16	松油烯 Terpinene	$C_{10}H_{16}$	99-86-5	0.730	—	1.480
17	2-蒎烯 2-Pinene	$C_{10}H_{16}$	80-56-8	0.862	2.154	5.726
18	β-石竹烯 β-Caryophyllene	$C_{15}H_{24}$	87-44-5	0.927	0.359	—
19	β-蒎烯 β-Pinene	$C_{10}H_{16}$	127-91-3	10.481	12.674	18.474
20	3-蒈烯 3-Carene	$C_{10}H_{16}$	13466-78-9	2.139	2.658	0.978
21	2,4-辛二烯 2,4-Octadiene	C_8H_{14}	13643-08-8	—	0.136	0.155
22	罗勒烯 Ocimene	$C_{10}H_{16}$	13877-91-3	5.038	2.184	3.997
23	(Z)-石竹烯(Z)-Caryophyllene	$C_{15}H_{24}$	13877-93-5	—	—	0.067
24	1,5,5-三甲基-1-3-亚甲基-1-环己烯 1,5,5-Trimethyl-1-3-methylene-1-cyclohexene	$C_{10}H_{16}$	16609-28-2	—	0.864	—
25	-3,7-二甲基-1,3,6-十八烷三烯 (Z)-3,7-Dimethyl-1,3,6-octadecatriene	$C_{10}H_{16}$	3338-55-4	—	0.469	—
26	(E)-β-罗勒烯(E)-β-Ocimene	$C_{10}H_{16}$	3779-61-1	6.773	—	—
27	假性柠檬烯 Pseudolimonene	$C_{10}H_{16}$	499-97-8	0.069	0.158	0.051
28	2-蒈烯 2-Carene	$C_{10}H_{16}$	554-61-0	—	—	0.731
29	(±)-β-水芹烯 (±)-β-Phellandrene	$C_{10}H_{16}$	555-10-2	4.047	—	—
30	萜品油烯 Terpinolene	$C_{10}H_{16}$	586-62-9	0.792	0.681	0.917
31	柠檬烯 Limonene	$C_{10}H_{16}$	5989-27-5	28.002	12.416	25.351
32	β-榄香烯 β-Elemene	$C_{15}H_{24}$	515-13-9	0.102	0.374	0.054
33	邻伞花烃 o-Cymene	$C_{10}H_{14}$	527-84-4	1.188	0.941	1.044
34	2,6-二甲基-2,4,6-辛三烯(4Z)-2,6-Dimethyl-2,4,6-octatriene	$C_{10}H_{16}$	673-84-7	0.376	—	—

续表

序号	中英文名称	化学式	CAS	含量(%)		
				红花椒	油淋葱	椒麻糊
35	α-律草烯 α-Humulene	$C_{15}H_{24}$	6753-98-6	0.152	—	—
36	1-乙氧基丙烯 1-Ethoxypropene	$C_5H_{10}O$	928-55-2	—	0.104	—
37	别罗勒烯(4E,6Z)-2,6-dimethylocta-2,4,6-triene	$C_{10}H_{16}$	7216-56-0	—	—	0.178
38	α-水芹烯 α-Phellandrene	$C_{10}H_{16}$	99-83-2	0.877	0.987	1.242
39	香树烯(-)-allo-Aromadenrene	$C_{15}H_{24}$	25246-27-9	0.066	—	—
40	1,3,5,5-四甲基-1,3-环己二烯 1,3,5,5-Tetramethyl-1,3-cyclohexadiene	$C_{10}H_{16}$	4724-89-4	—	—	0.333
41	石竹素(-)-Caryophyllene oxide	$C_{15}H_{24}O$	1139-30-6	0.035	—	—
醛类						
42	(E,E)-2,4-庚二烯醛 (E,E)-2,4-Heptadienal	$C_7H_{10}O$	4313-3-5	—	0.620	0.335
43	(E)-柠檬醛(E)-Citral	$C_{10}H_{16}O$	106-26-3	0.064	—	
44	庚醛 Heptaldehyde	$C_7H_{14}O$	111-71-7	—	0.805	
45	天竺葵醛 Nonanal	$C_9H_{18}O$	124-19-6	0.040	—	
46	(Z)-柠檬醛(Z)-Citral	$C_{10}H_{16}O$	141-27-5	0.031	—	
47	香茅醛 Citronellal	$C_{10}H_{18}O$	106-23-0	0.083	0.482	0.101
48	枯茗醛 Cuminaldehyde	$C_{10}H_{12}O$	122-03-2	0.219	—	
49	丙醛 Propanal	C_3H_6O	123-38-6	—	0.318	0.329
50	反式-2-戊烯醛 trans-2-Pentenal	C_5H_8O	1576-87-0	—	0.052	0.034
51	2-乙基丁烯醛 2-Tthylbutyraldehyde	$C_6H_{10}O$	19780-25-7	—	1.308	0.343
52	3-异丙基笨 甲醛 3-Isopropyl benzaldehyde	$C_{10}H_{12}O$	34246-57-6	—	—	0.088
53	2-己醛 2-Hexenal	$C_6H_{10}O$	505-57-7	—	0.162	0.157
54	(Z)-2-庚烯醛 (Z)-2-Heptenal	$C_7H_{12}O$	57266-86-1	—	1.402	0.871
55	己醛 Hexanal	$C_6H_{12}O$	66-25-1	—	2.317	1.096
56	顺式-3-己烯醛 cis-3-Hexenal	$C_6H_{10}O$	6789-80-6	—	0.051	—
57	3-己烯醛 3-Hexenal	$C_6H_{10}O$	4440-65-7	—	—	0.041
58	2,4-癸二烯醛 2,4-Decendialdehyde	$C_{10}H_{16}O$	2363-88-4	—	—	0.111

续表

序号	中英文名称	化学式	CAS	含量（%）		
				红花椒	油淋葱	椒麻糊
59	1,3,4-三 甲基-3-环 己烯-1-羧醛 1，3，4-Trimethyl-3-cyclohexene-1-carboxyaldehyde	$C_{10}H_{16}O$	40702-26-9	—	0.059	—
60	(E,E)-2,4-己 二烯醛 (E,E)-2，4-Hexadienal	C_6H_8O	142-83-6	0.024	—	0.217
61	异戊醛 Isovaleraldehyde	$C_5H_{10}O$	96-17-3	—	—	0.020
62	(E)-2-己烯醛 (E)-2-Hexenal	$C_6H_{10}O$	6728-26-3	—	0.120	—
	酯类					
63	乙酸松油酯 Terpinyl acetate	$C_{12}H_{20}O_2$	4821-4-9	15.388	—	—
64	苯乙酸甲酯 Methylphenyl acetate	$C_9H_{10}O_2$	101-41-7	0.076	—	—
65	乙酸庚酯 Heptyl acetate	$C_9H_{18}O_2$	112-06-1	0.119	—	—
66	左旋乙酸冰片酯 L-Bornyl acetate	$C_{12}H_{20}O_2$	5655-61-8	0.127	—	—
67	醋酸辛酯 Octyl acetate	$C_{10}H_{20}O_2$	112-14-1	0.452	0.908	0.156
68	5-甲基-2-(1-甲基 乙烯基)-4-己 烯-1-醇乙酸酯 5-Methyl-2-(1-menthylvinyl)-4- hexen-1-ol acetate	$C_{12}H_{20}O_2$	25905-14-0	—	—	0.056
69	己酸乙烯酯 Ethenylhexanoate	$C_8H_{14}O_2$	3050-69-9	—	—	0.056
70	乙酸龙脑酯 Bornyl acetate	$C_{12}H_{20}O_2$	76-49-3	—	—	0.065
71	（±)-α-乙酸松油酯 （±)-α-Terpinyl acetate	$C_{12}H_{20}O_2$	80-26-2	—	2.106	0.875
72	乙酸香茅酯 Citronellol acetate	$C_{12}H_{22}O_2$	150-84-5	—	0.162	0.052
73	甲酸[草（之上）十伯]酯 (4,7,7-Trimethyl- 3-bicyclo [2.2.1]heptanyl) formate	$C_{11}H_{18}O_2$	7492-41-3	—	0.251	—
	含硫化合物					
74	甲基丙基二硫醚 Methylpropyl disulfide	$C_4H_{10}S_2$	2179-60-4	—	0.806	—
75	二甲基三硫醚 Dimethyl trisulfide	$C_2H_6S_3$	3658-80-8	—	0.106	—
76	甲基丙烯基二硫醚 Methylpropylene disulfide	$C_4H_8S_2$	5905-47-5	—	0.904	—
77	二丙基三硫醚 Dipropyl trisulfide	$C_6H_{14}S_3$	6028-61-1	—	1.000	—
78	丙硫醇 Propanethiol	C_3H_8S	107-03-9	—	0.872	0.053
79	二甲基二硫醚 Dimethyldisulfide	$C_2H_6S_2$	624-92-0	—	0.052	—

序号	中英文名称	化学式	CAS	含量(%) 红花椒	含量(%) 油淋葱	含量(%) 椒麻糊
80	2,4-二甲基噻吩 2,4-Dimethylthiophene	C_6H_8S	638-00-6	—	0.145	—
81	二硫化碳 Carbondisulfide	CS_2	75-15-0	—	0.121	0.050
82	3,5-二乙基-1,2,4-三硫杂环戊烷 3,5-Diethyl-1,2,4-trithiolane	$C_6H_{12}S_3$	54644-28-9	—	0.211	—
83	二丙基二硫醚 Dipropyldisulfide	$C_6H_{14}S_2$	629-19-6	—	1.541	0.396
醇类						
84	1(7),8(10)-对薄荷二烯-9-醇 1(7), 8(10)-p-Menthadiene-9-ol	$C_{10}H_{16}O$	29548-13-8	0.031	—	—
85	(E)-2-对-薄荷烯-1-醇 (E)-2-p-Menthen- 1-ol	$C_{10}H_{18}O$	29803-82-5	—	2.512	—
86	4-萜烯醇 4-Terpineol	$C_{10}H_{18}O$	562-74-3	0.966	—	—
87	紫苏醇 Perillylalcohol	$C_{10}H_{16}O$	536-59-4	—	0.021	—
88	1-辛醇 1-Octanol	$C_8H_{18}O$	111-87-5	—	0.111	0.156
89	4-侧柏醇 cis-4-Thujanol	$C_{10}H_{18}O$	546-79-2	0.730	1.509	1.472
90	(-)-4-萜 品醇 (-)-4-Terpineol	$C_{10}H_{18}O$	20126-76-5	—	—	3.533
91	桃金娘烯醇 Myrtenol	$C_{10}H_{16}O$	515-00-4	—	—	0.083
92	反式-2-己烯-1-醇 trans-2-Hexen-1-ol	$C_6H_{12}O$	928-95-0	—	1.241	—
93	(-)-反式-松香芹醇(-)-trans-Pinocarveol	$C_{10}H_{16}O$	6712-79-4	—	—	0.034
94	1-戊醇 1-Pentanol	$C_5H_{12}O$	71-41-0	—	—	0.048
95	芳樟醇 Linalool	$C_{10}H_{18}O$	78-70-6	1.607	2.684	1.769
96	顺-2-己烯-1-醇 cis-2-Hexen-1-ol	$C_6H_{12}O$	928-94-9	—	—	0.027
97	α-松油醇 α-Terpineol	$C_{10}H_{18}O$	98-55-5	1.216	2.092	1.885
98	β-松油醇 β-Terpinene	$C_{10}H_{16}$	99-84-3	0.184	0.450	4.269
99	L-香芹醇 L-Carveol	$C_{10}H_{16}O$	99-48-9	0.078	—	—
100	桉叶油醇 Cineole	$C_{10}H_{18}O$	470-82-6	—	3.651	4.723
101	1-戊烯-3-醇 1-Penten-3-ol	$C_5H_{10}O$	616-25-1	—	1.222	—
102	(Z)-3,3-二甲基环亚己基乙醇 1-(3, 3-Dimethylcyclohexylidene)ethanol	$C_{10}H_{18}O$	26532-23-0	—	—	0.121

续表

序号	中英文名称	化学式	CAS	含量（%）		
				红花椒	油淋葱	椒麻糊
酮类						
103	乙酰丁香酮 Acetosyringone	$C_{10}H_{12}O_4$	2478-38-8	0.023	—	—
104	1-戊烯-3-酮 1-Penten-3-one	C_5H_8O	1629-58-9	—	0.101	0.059
105	右旋香芹酮（＋）-Carvone	$C_{10}H_{14}O$	2244-16-8	—	—	0.092
106	胡椒酮 Piperitone	$C_{10}H_{16}O$	89-81-6	1.973	6.210	3.028
107	香芹酮 Carvone	$C_{10}H_{14}O$	99-49-0	0.230	0.310	—
108	丙酮 Propanone	C_3H_6O	67-64-1	0.026		
109	4-异丙基-2-环己基烯酮 4-Isopropyl- 2-cyclohexyl allone	$C_9H_{14}O$	500-02-7	0.614	0.502	0.534
烷烃类						
110	十四烷 Tetradecane	$C_{14}H_3O$	629-59-4	0.022	—	—
111	正己烷 Hexane	C_6H_{14}	110-54-3		0.112	
112	癸烷 Decane	$C_{10}H_{22}$	124-18-5		0.201	
113	二甲氧基乙烷 1,1-Dimethoxyethane	$C_4H_{10}O_2$	534-15-6		0.452	
114	4-异丙基甲苯 4-Isopropyl toluene	$C_{10}H_{14}$	99-87-6	0.356	—	0.098
115	1-甲基-4-（1-甲基乙烯基）苯 1-Methyl- 4-(1-methylvinyl) benzene	$C_{10}H_{12}$	1195-32-0	—	—	0.107
116	叔丁基对苯醌 Tertbutyl p-benzoquinone	$C_{10}H_{12}O_2$	3602-55-9	—	—	0.089
其他化合物						
117	2,3-二氢呋喃 2,3-Dihydrofuran	C_4H_6O	1191-99-7	—	0.049	0.083
118	2,3-二氢-4-甲基呋喃 2,3-Dihydro- 4-methylfuran	C_5H_8O	34314-83-5			0.032
119	尿素 Urea	CH_4N_2O	57-13-6	0.159	—	—
120	4-甲基-2-己炔 4-Methyl-2-hexyne	C_7H_{12}	20198-49-6	—	0.154	
121	二叔丁基过氧化物 Di-tert-butyl peroxide	$C_8H_{18}O_2$	110-05-4	—	0.209	—

注："—"表示未检出。

由表 7-1 可知，样品共检测到 121 种化合物，红花椒共检测到 54 种化合物，占总含量的 91.421%；油淋葱共检测到 68 种化合物，占总含量的 81.063%；椒麻糊共检测到 63 种化合物，占总含量的 92.007%。红花椒中检测到含量高的物质是 β-蒎烯（10.481%）、罗勒烯（5.038%）、（E)-β-罗勒烯（6.773%）、柠檬烯（28.002%）、乙酸松油酯（15.388%）。油淋葱中含量高的物质是 β-蒎烯（12.674%）、柠檬烯（12.416%）。椒麻糊中含量高的物质是 2-蒎烯（5.726%）、β-蒎烯（18.474%）、柠檬烯（25.351%）。

样品各类挥发性物质的种类及含量见表 7-2。

表 7-2　各类化合物种类及含量

序号	红花椒		油淋葱		椒麻糊	
	种类	含量（%）	种类	含量（%）	种类	含量（%）
烯烃类	28	66.583	22	40.389	20	64.333
醛类	6	0.461	12	7.696	13	3.743
酯类	5	16.162	4	3.427	6	1.260
硫醚类	0	0.000	10	5.758	3	0.499
醇类	7	4.812	10	15.493	12	18.120
酮类	5	2.866	4	7.123	4	3.713
烷烃类	1	0.022	3	0.765	0	0.000
苯环类	1	0.356	0	0.000	3	0.294
其他化合物	1	0.159	3	0.412	2	0.115
合计	54	91.421	68	81.063	63	92.077

由表 7-2 可知，红花椒中检测到的主要挥发性物质是烯烃类（28 种，66.583%）、酯类（5 种，16.162%）。检测到油淋葱的主要挥发性物质是烯烃类（22 种，40.389%）、醛类（12 种，7.696%）、硫醚类（10 种，5.758%）、醇类（10 种，15.493%）、酮类（4 种，7.123%）。检测到椒麻糊的主要挥发性物质是烯烃类（20 种，64.333%）、醇类（12 种，18.120%）。烯烃类物质是红花椒、油淋葱和椒麻糊的主要挥发性物质。

7.4.2　样品挥发性物质差异分析

常常被用来帮助推导关于集合运算的一些规律。样品韦恩图分析结果如图 7-1 所示。

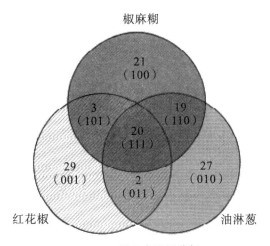

图 7-1　样品韦恩图分析

由图 7-1 可知，红花椒特有物质有 29 种，椒麻糊特有物质有 21 种，油淋葱特有物质有 27 种。红花椒特有物质中（E）-β-罗勒烯（6.773%）、（±）-β-水芹烯（4.047%）、乙酸松油酯（15.338%）含量较高。油淋葱特有物质中（E）-2-对-薄荷烯-1-醇（2.512%）、反式-2-己烯-1-醇（1.214%）、1-戊烯-3-醇（1.222%）含量较高。椒麻糊特有物质中（-)-4-萜品醇（3.533%）含量较高。红花椒和椒麻糊共有物质 3 种（图 7-1 中 101），分别是松油烯、(E,E)-2,4-己二烯醛、4-异丙基甲苯。红花椒、油淋葱和椒麻糊共有物质 20 种（图 7-1 中 111），分别为 α-侧柏烯、γ-松油烯、2-蒎烯、β-蒎烯、3-蒈烯、罗勒烯、假性柠檬烯、萜品油烯、柠檬烯、β-榄香烯、邻伞花烃、α-水芹烯、香茅醛、醋酸辛酯、4-侧柏醇、芳樟醇、α-松油醇、β-松油醇、胡椒酮、4-异丙基-2-环己基烯酮。3 个样品共有的 20 种物质由红花和油淋葱共同贡献，可能红花椒和油淋葱均有贡献，但具体情况需要进一步研究。综上所述，红花椒和椒麻糊的共有物质为 23 种。椒麻糊和油淋葱的共有物质为 19 种（图 7-1 中 110），这 19 种物质可能是菜籽油和葱为椒麻糊贡献的物质，己醛、桉叶油醇为共有物质中含量较高的物质（均大于 1%）。红花椒和油淋葱共有物质 2 种（图 7-1 中 011），含量均不高。

7.5　分析讨论

椒麻糊中共检测到烯烃类物质 20 种，其中含量大于 1% 的物质有 γ-松油烯、松油烯、2-蒎烯、β-蒎烯、罗勒烯、柠檬烯、邻伞花烃、α-水芹烯共 8

种，占总含量的 59.704％。在红花椒和油淋葱中均检测到这些物质存在（松油烯除外），这说明椒麻糊中的烯烃类物质主要由红花椒和油淋葱共同贡献。有研究表明，γ-松油烯、β-蒎烯、罗勒烯、柠檬烯是红花椒的主要挥发性物质。另外，α-侧柏烯（0.899％）、3-蒈烯（0.978％）、假性柠檬烯（0.051％）、萜品油烯（0.917％）、β-榄香烯（0.054％）这 5 种物质尽管含量不高，但也是红花椒对椒麻糊烯烃类物质的贡献，对椒麻糊香气的形成有一定贡献。

椒麻糊中共检测到醛类物质 13 种，相对含量大于 1％ 的是己醛（1.096％）。有研究表明，己醛是菜籽油中亚油酸氧化裂解的产物，具有青香、木香、叶香和果香香气。香茅醛（柠檬香、油脂香）是红花椒、油淋葱和椒麻糊中均检测到的物质。(E,E)-2,4-己二烯醛是红花椒和椒麻糊均检测到的物质。香茅醛（0.101％）和 (E,E)-2,4-己二烯醛（0.217％）含量均较低，是红花椒贡献给椒麻糊的醛类物质，主要对椒麻糊的气味起修饰作用。

椒麻糊中共检测到酯类物质 6 种，其含量均低于 1％。醋酸辛酯是红花椒、油淋葱和椒麻糊中均检测到的物质，可能是红花椒和油淋葱共同为椒麻糊贡献的唯一酯类物质。乙酸松油酯（15.388％）是红花椒中含量较高的物质，但在椒麻糊中并未检测到该物质，可能是受热生成了其他物质，需要进一步研究。

椒麻糊中共检测到醇类物质 12 种，占总含量的 18.120％。4-侧柏醇、芳樟醇、α-松油醇、β-松油醇、(-)-4-萜品醇、桉叶油醇的相对含量大于 1％。其中 4-侧柏醇（1.472％）、芳樟醇（1.769％）、α-松油醇（1.885％）、β-松油醇（4.269％）为红花椒中检测到的物质，同时也是油淋葱中检测到的物质，是红花椒和油淋葱对椒麻糊贡献的醇类物质。(-)-4-萜品醇（3.533％）是椒麻糊中检测到的物质，在红花椒和油淋葱中均未检测到，其来源需进一步研究。

椒麻糊中共检测到酮类物质 4 种，其中可能来源于红花椒的物质为胡椒酮和 4-异丙基-2-环己基烯酮。

椒麻糊中共检测到苯环类化合物 3 种，含量均较低。4-异丙基甲苯是红花椒和椒麻糊中均检测到的物质，故 4-异丙基甲苯可能是红花椒为椒麻糊贡献的唯一苯环类化合物。

椒麻糊中含硫化合物、烷烃类化合物可能与红花椒无关。

7.6　本章小结

为探究红花椒对椒麻糊中挥发性物质的影响，实验采用 GC−MS 分析红花椒、油淋葱、椒麻糊中的挥发性物质。GC−MS 结果显示，在红花椒、油淋葱和椒麻糊中分别检测到 54、68、63 种挥发性物质，占相对含量的91.421%、81.063%、92.007%；分别检测到 28、22、20 种烯烃类物质，占相对含量的 66.583%、40.389%、64.333%；分别检测到 7、10、12 种醇类物质，占相对含量的 4.812%、15.493%、18.120%。烯烃类物质、醇类物质是椒麻糊的主要挥发性物质。韦恩图分析表明，红花椒可能为椒麻糊贡献了23 种挥发性物质，其中 α-侧柏烯、γ-松油烯、2-蒎烯、β-蒎烯、3-蒈烯、罗勒烯、假性柠檬烯 、萜品油烯、柠檬烯、β-榄香烯、邻伞花烃、α-水芹烯、香茅醛、醋酸辛酯、4-侧柏醇、芳樟醇、α-松油醇、β-松油醇、胡椒酮、4-异丙基-2-环己基烯酮既可能来源于红花椒也可能来源于油淋葱；松油烯、(E,E)-2,4-己二烯醛、4-异丙基甲苯来源于红花椒的可能性极大。研究结果表明，红花椒贡献给椒麻糊的挥发性物质以烯烃类、醇类为主，酮类、醛类有一定贡献。研究结果对川式复合味指纹图谱的构建及川式复合调味品的工业化生产有积极意义。

参考文献

[1] 蔡雪梅，何莲，易宇文，等. GC−MS 结合电子鼻分析啤酒对啤酒鸭风味的影响 [J]. 中国调味品，2020，45（7）：158−163.

[2] 耿秋月，田洪磊，詹萍，等. 椒麻鸡赋味汤料制备中主要基料对香气品质的影响 [J]. 食品科学，2020，41（2）：230−237.

[3] 罗长松. 中国烹调工艺学 [M]. 北京：中国商业出版社，1990.

[4] 兰奎全. 椒麻味型新演义 [J]. 四川烹饪，2011（6）：37.

[5] 李祥慧，周文君，易阳，等. 菜籽油挥发性成分检测及高温处理前后变化分析 [J]. 食品科技，2020，45（3）：190−195.

[6] 钱敏，刘坚真，白卫东，等. 食品风味成分仪器分析技术研究进展 [J]. 食品与机械，2009，25（4）：177−181.

[7] 王军喜，叶俊杰，赵文红，等. HS−SPME−GC−MS 结合 OAV 分析酱油鸡特征风味活性物质的研究 [J]. 中国调味，2020，45（9）：160−164，177.

[8] 王花俊，李小福，张文洁，等. 不同提取方法的花椒挥发性香味成分分析研究 [J]. 中国调味品，2020，45（6）：49−53.

[9] 魏泉增，王磊，肖付刚. GC—MS 分析不同产地花椒挥发性成分 [J]. 中国调味品，2020，45（3）：152—157.

[10] 辛松林，陈祖明，陈应富，等. 椒麻味型标准化制作工艺研究 [J]. 四川烹饪高等专科学校学报，2011（4）：20—21，31.

[11] 张浩，陈刚，童柯箐，等. 基于模糊数学家常味烧烤酱配方优化及挥发性风味成分研究 [J]. 中国调味品，2018，43（10）：62—69.

[12] Hartman T G, Rosen R T. Determination of ethyl carbamate in commercial protein based condiment sauces by gas chromatography—mass spectrometry [J]. Journal of food safety，1988，9（3）：173—182.

[13] Holm E S, Adamsen A, Feilberg A, et al. Quality changes during storage of cooked and sliced meat products measured with PTR—MS and HS—GC—MS [J]. Meat science，2013，95（2）：302—310.

第二部分

花椒生物资源利用研究

第8章 花椒叶化学成分、生物活性及其资源开发研究进展

8.1 引言

花椒叶作为花椒的副产物,是一种具有潜在食用和药用价值的植物资源,其化学成分复杂多样,含有多种有益的活性物质,表现出抗氧化、抗肿瘤和抑菌等保健功效,具有较好的应用价值和加工潜力,其可以提取香精、做调料、食用或制作椒茶,此外,花椒叶在民间素有杀虫、洗脚气及漆疮的作用等。关于花椒叶的研究相对较少,花椒叶全年均可采收,资源十分丰富,且种植面积日益增长,为增加花椒产业的效益,迫切需要对副产物花椒叶的利用进行深入的研究。因此,本章就花椒叶的化学成分,生物活性进行综述,并就花椒叶的资源开发利用进行展望,以期为花椒产业的发展作出贡献。

8.2 花椒叶化学成分

8.2.1 挥发油

花椒叶的挥发油成分因花椒的种类、采摘时间、种植环境等因素的影响而有所差异。大部分花椒叶中都含有的 α-水芹烯、芳樟醇、棕榈酸、石竹烯氧化物、叶绿醇等挥发油成分,正是这些成分使得花椒叶具有一定的药效和较强的抗氧化活性。从产自贵州的樗叶花椒叶中鉴定出 52 种化合物,其中主成分有 α-水芹烯(21.87%)、桉叶醇(13.12%)、松油烯-4-醇(9.55%)、γ-萜品烯(8.25%)、α-萜品烯(6.50%)、α-松油醇(6.31%)等;采用气质联用仪分析篍檬花椒叶挥发油的化学成分,并确立了其中的 72 种组分,含量较高的成分有芳樟醇(24.36%)、β-榄香烯(12.03%)、(E)-2-己烯-1-醇(11.73%)、石竹

烯氧化物（910.84%）等；用气质联用仪鉴定出椿叶花椒叶挥发油中的 33 种成分，其中 α-水芹烯、2-壬酮、芳樟醇为主要成分；运用水蒸气蒸馏法对花椒叶的芳香油进行了提取，气质联用仪对其成分进行分析，鉴定出 15 种物质，含量最高的为 α-蒎烯；采用水蒸气蒸馏法提取产自甘肃陇南地区成县的刺异叶花椒叶挥发油，用气质联用仪进行挥发油的分析和鉴定，共鉴定出 35 种成分，主要成分有肉豆蔻醚（23.40%）、黄樟素（19.40%）、异丁香甲醚（16.50%）、罗勒烯（5.40%）等；用同样的方法分离出黔产刺异叶花椒叶挥发油成分 67 种，鉴定出 37 种，主要为萜类化合物及其衍生物。综上所述，花椒叶挥发油已确定成分有近 200 种，主要以烯烃类、醇类为主，见表 8-1，α-水芹烯具有柑橘、青香、黑胡椒香，石竹烯具有辛香、木香、柑橘香、樟脑香，罗勒烯有草香、花香并伴有橙花油气息，芳樟醇具有浓青带甜的木青气息且对人体中的白血病细胞 U937 和淋巴瘤细胞 P3HRI 生长具有明显抑制作用。花椒叶挥发油与花椒的挥发油有许多共同成分，因此花椒叶也具有花椒的特殊香气，而每一种花椒叶都具有不同的精油成分，造就了不同花椒叶品种的独特香味。

表 8-1 花椒叶的挥发油种类

序号	化合物类型	代表化合物
1	烯烃类（61 种）	α-水芹烯、β-水芹烯、顺式-α-罗勒烯、β-反式罗勒烯、罗勒烯、β-罗勒烯、γ-萜品烯、α-萜品烯、β-萜品烯、α-蒎烯、左旋-beta-蒎烯、E-蒎烯、2-侧柏烯、侧柏烯、石竹烯、α-石竹烯、反式石竹烯、柠檬烯、松油烯、萜品油烯、香叶烯、大根香叶烯、莰烯、1,3,8-p-薄荷三烯、α-榄香烯、γ-榄香烯、β-榄香烯、β-榄香烯、γ-古芸烯、α-古芸烯、喇叭烯、杜松烯、β-杜松烯、α-衣兰油烯、樟烯、α-荜澄茄油烯、α-法呢烯、α-葎草烯、1-十八烷烯、α-法尼烯、γ-杜松烯、反式罗勒烯、β-月桂烯、冰片烯、α-封烯、δ-3-蒈烯、1,5,8-三烯、(Z)-3,7-二甲基-1,3,6-辛三烯、对伞花烯、1-甲基-4-(1-甲基乙基)-1,4-环己二烯、[1R-(1R*,4Z,9S*)]-4,11,11-三甲基-8-亚甲基-二环 [7.2.0] 4-十一烯、γ-芹子烯、β-芹子烯、α-芹子烯、α-去二氢菖蒲烯、α-荜澄茄烯、4,5-二乙基 3,6-二甲基-3,5-辛二烯、α-柏木烯、β-石竹烯、α-侧柏烯、桧烯

序号	化合物类型	代表化合物
2	烷烃类 （14种）	十六烷、十七烷、十八烷、十九烷、二十烷、2，6，6-三甲基二环[3.1.1]庚烷、1-甲酰-2,2-二甲基-3反式(3-甲基,丁-2-烯基)-6-亚甲基环己烷、1S-(1α,2β,4β)-1-乙烯基-1-甲基-2,4-二(丙-1-烯-2-基)环己烷、2-乙烯基-1,1-二甲基-3-亚甲基环己烷、7-(1-甲基环氧乙烷基)-双环[4.1.0]庚烷、Z,Z,Z-1,5 9,9-四甲基-1,4,7-三烯环十一烷、1-亚甲基-1-甲基-2-（2-甲基-1-丙烯-1-基）-1-乙烯基-环庚、4-甲基-1-异丙基-二环[3.1.0]己烷、6-甲叉螺(4,5)烷、亚甲基-2,8,8-三甲基-2-乙烯基-二环[5.2.0]壬烷
3	醇类 （49种）	3,7,11-三甲基-1,6,10-十二碳三烯-3-醇、10,10-二甲基-2,6-二甲基二环[7.2.0]十一烷-5β-醇、反式-橙花叔醇、桉油烯-4-醇、顺式-β-萜品醇、4-萜品醇、顺式-对-2-烯-1-醇、反式-对-2-烯-1-醇、全反式香叶基香叶醇、异香叶醇、α-松油醇、α-松油醇、2-羟基-1,8-桉油醇、2-匙叶桉油烯醇、愈创木醇、雪松醇、δ-杜松醇、α-桉叶油醇、芳樟醇、香叶基芳樟醇、顺式氧化芳樟醇、3,7,11,15-四甲基-2-十六烯-1-醇、叶绿醇、喇叭茶萜醇、反式-2-己烯-1-醇、反式-薄荷醇、α-毕橙茄醇、顺-1-甲基-4-异丙基-2-环己烯-1-醇、T-毕橙茄醇、3,7-二甲基-1,6-辛二烯-3-醇、4-乙烯基-环己烷甲醇、斯巴醇、α-荜澄茄醇、（Z)-2-戊烯-1-醇、表蓝桉醇、里那醇 10-甲氧基-α-甲基柯楠醇、3-己烯-1-醇、(E)-2-己烯-1-醇、顺-α,α-5-三甲基-5-乙烯基四氢化呋喃-2-醇、(Z)-3,7-二甲基-2,6-辛二烯-1-醇、(E)-3,7-二甲基-2,6-辛二烯-1-醇、苯乙醇、6-乙烯基四氢化-2,2,6-三甲基-2氢-吡喃-3-醇、(R)-4-甲基-1-(1-甲基乙基)-3-环己烯-1-醇、α,α-4-三甲基-3-环己烯-1-甲醇、2,6-二甲基-1,7-辛二烯-3,6-二醇、香芹醇、苯甲醇
4	酯类 （20种）	马鞭草烯醇乙酸酯、乙酸冰片酯、邻苯二甲酸二戊酯、2-己烯-1-醇乙酸酯、环氧-2-羟基桉树油乙酸酯、十六烷酸丁酯、己二酸二（2-乙基己基）酯、乙酸辛酯、乙酸龙脑酯、（Z)-3,7-二甲基-2,6-辛二烯-1-醇乙酸酯、(E)-3,7-二甲基-2,6-辛二烯-1-醇醋酸酯、丁酸辛酯、苯乙醇丙酸酯、2-丙烯酸十五烷基酯、里哪醇乙酸酯、水合桧烯乙酸酯、桃金娘醇乙酸酯、橙香醇乙酯、枞牛儿醇醋酸酯、肉桂酸乙酯
5	苯及其衍生物 （11种）	邻异丙基苯、1,2,4-三甲氧基-5-(1-丙烯基)-苯、对异丙烯基甲苯、1,2-二甲氧基-4-(2-丙烯基)-苯、苯甲酸、1,4-甲氧基-2-乙基-5-丙乙基-苯、苯、乙苯、邻二甲苯、1-甲基-2-（1-甲基乙基）-苯、1,3,5-三甲氧基-苯
6	酮类 （10种）	α-紫罗兰酮、α,α-二氢-α-紫罗兰酮、2-壬酮、瓜菊醇酮、2-十一酮、6,10,14-三甲基-2-十五烷酮、环十烷酮、对羟基苯乙酮二特丁基苯二酮、α-紫罗酮、5-(1-甲基乙基)二环[3.1.0]己-3-烯-2-酮

序号	化合物类型	代表化合物
7	醛类 （9种）	糠醛、十八醛、青叶醛、（E）-2-己烯醛、1-羟基-4-甲氧基苯甲醛、4-羟基苯甲醛、香叶醛、苯乙醛、苯甲醛
8	萘 （5种）	1，2，3，4，4a，5，6，8a-八氢-萘、1-甲基萘、(1S-顺) 1,2,3,4-四氢-1,6-甲基-4-(1-甲基乙基)-萘、十氢-4A-甲基-1-甲基-7-(1-甲基亚乙基)-萘、1，2，3，5,6，8a-六氢-萘

8.2.2 酰胺

酰胺类化合物是花椒属植物呈现麻味的主要物质，以山椒素为代表，大多以链状不饱和脂肪酰胺的方式存在，其次是连有芳环的酰胺。运用高效液相色谱法和液相色谱－质谱联用的方法，测得汉源产红花椒叶的酰胺类物质有羟基-α-山椒素（0.0446%）、羟基-β-山椒素（0.0043%）和羟基-γ-山椒素（0.0066%），通过与花椒果皮中酰胺物质的比对得知，花椒叶中含有与果皮类似的麻味物质成分。在汉源花椒叶调味油提取工艺的研究中，得出酰胺调味油中的酰胺类物质含量预测值为 2.513 mg/g，验证实际值为 2.509 mg/g。另外，酰胺类物质的成分化合物具有麻醉、振奋，抑菌杀虫、祛风除湿等功能。

8.2.3 糖类

在传统苯酚－硫酸法的基础之上，对显色时间、浓硫酸添加量、质量分数为5%的苯酚添加量、显色温度等实验条件进行优化，得到灵敏、特异、精确定量的分析方法，并用该种方法测得了陕西大红袍花椒叶的多糖含量在8.11～8.89 mg/g 之间。运用改良的苯酚－硫酸法，得出了山西大红袍花椒叶的可溶性多糖含量为 8.50 g/kg。采用蒽酮比色法对 7 种不同的花椒叶（凤县大红袍花椒、武都大红袍花椒、府谷花椒、野生花椒、韩城狮子头花椒、无刺花椒、韩城无刺花椒）的还原糖进行了测定与比较，在开花期采摘的花椒叶还原糖最高的为野生花椒叶，落果期还原糖较丰富的则是府谷花椒叶，从实验数据可以看出还原糖在花椒叶的生长过程中降低。

8.2.4 蛋白质

对陕西的大红袍花椒化学组成进行研究，得出花椒叶中蛋白质较丰富，总蛋白质高 204.727 g/kg，共有 16 种氨基酸，除色氨酸外其余人体必需氨基酸全部测出，必需氨基酸与总氨基酸含量的比值（E/T）达到 46.57%；此外，花椒叶中的鲜味氨基酸（如谷氨酸、天冬氨酸等）很丰富，更提高了花椒叶的鲜美程度。在 7 种不同的花椒叶（凤县大红袍花椒、武都大红袍花椒、府谷花椒、野生花椒、韩城狮子头花椒、无刺花椒、韩城无刺花椒）中，开花期蛋白质含量最高的为武都大红袍花椒叶（22.7 g/100 g），最低的为野生花椒叶（17.1 g/100 g）；落果期蛋白含量最高的为凤县大红袍花椒叶（16.1 g/100 g），野生花椒叶中的蛋白质含量最低（9.8 g/100 g）；由此可见，不同的花椒叶蛋白质的含量各不相同，同种花椒叶在不同的采摘季蛋白质含量也有所不同，蛋白质的含量随着花椒叶生长而降低。

8.2.5　脂肪

按照国标 GB/T 5009.6—2003 索氏抽提法测定花椒叶中的粗脂肪含量，得出其粗脂肪含量（2.07%）低于红薯的粗脂肪的含量（3.68%），符合低脂肪的健康饮食要求。运用相同的脂肪含量鉴定法对 7 种不同的花椒叶中脂肪含量进行比较，得出开花期脂肪含量最高的为韩城无刺花椒叶（1.16 g/100 g），最低的为野生花椒叶（0.66 g/100 g），开花期和落果期的花椒叶前后脂肪含量除野生花椒叶外，其余都有所增加。

8.2.6　黄酮

以体积分数为 50% 的乙醇配制成质量浓度为 1.0 mg/mL 的山柰酚标准品溶液，在波长 229 nm 下测定不同浓度梯度的山柰酚标准品稀释液，得到回归方程，用标准曲线计算得出花椒叶醇提物中类黄酮的含量为 133.63 g/kg。通过对 7 种不同的花椒叶的黄酮含量进行比对，得出野生花椒叶的黄酮含量最高为 15.97 mg/g，可以作为黄酮和总酚的一种原料。分别用水、乙醇、丙酮等三种溶液作为花椒叶提取液总黄酮的溶剂，采用超声波辅助提取花椒叶黄酮，总黄酮得率分别为 3.51%、3.30% 和 3.53%，除去聚合单宁酸和叶绿素后，分别为 1.69%、0.83%、1.39%。基于总黄酮得率、实验成本、环境污染得出花椒叶提取液总黄酮理想提取溶剂为水，其中水提取最优条件为：温度 80℃，料液比 1∶70，超声时长 0.5 h，数控超声波清洗器功率 360 W。乙醇提取液最优条件为：溶剂体积分数为 24%，料液比 1∶40，温度 70℃，功率 360 W，时间 25 min。相较于超声波辅助提取，微波辅助提取花椒叶黄酮以乙醇为溶剂的最佳条件为：乙醇体积分数 70%，微波温度 60℃，微波时间 6 min，微波功率 400 W，料液比 1∶30（g/mL）。在此条件下花椒叶黄酮的提取率为 7.418%，明显高于超声波辅助提取（总黄酮得率为 3.30%）。通过 8 种大孔吸附树脂的吸附和解吸性能的比较，得出纯化花椒叶黄酮效果最佳的为大孔吸附树脂 D101，并对其最佳纯化条件进行探究，得出最适条件：样品 pH 为 4，吸附流速为 2 BV/h，解吸液 60％乙醇，解吸流速 2 BV/h。经纯化后花椒叶黄酮纯度由 23.2％提高至 56.4％。针对花椒叶黄酮成分的分离和结构鉴定，采用硅胶柱层析、Sephadex LH-20 以及 RP-HPLC 等多种色谱方法从 EAF 和 AF 中分离得到 9 个黄酮类化合物，采用各种光谱分析技术鉴定其化学结构为：芦丁、牡荆素、金丝桃苷、异鼠李素-3-O-α-L-鼠李糖苷、槲皮素-3-O-β-D-葡萄糖苷、三叶豆苷、槲皮苷、阿福豆苷和槲皮素。对花椒叶中的黄酮成分进行了分析，总共鉴定出 9 中黄酮类化合物，其中槲皮苷含量较高，山柰酚-3-芸香糖苷含量较低。文献已鉴定出的花椒叶黄酮有 16 种，见表 8-2。

表 8-2 花椒叶黄酮类化学成分

序号	名称	分子式
1	表儿茶素	$C_{15}H_{14}O_6$
2	牡荆素	$C_{21}H_{20}O_{10}$
3	芦丁	$C_{27}H_{30}O_{16}$
4	金丝桃苷	$C_{21}H_{20}O_{12}$
5	槲皮苷	$C_{21}H_{20}O_{11}$
6	山柰酚-3-芸香糖苷	$C_{27}H_{30}O_{15}$
7	槲皮素-3-芸香糖-7-鼠李糖苷	$C_{33}H_{40}O_{20}$
8	芹菜素-8-C-阿拉伯糖苷	$C_{27}H_{30}O_{15}$
9	山柰酚-7-鼠李糖苷	$C_{21}H_{20}O_{11}$
10	槲皮素	$C_{15}H_{10}O_7$
11	山柰酚-3-O-α-L-鼠李糖苷	$C_{21}H_{20}O_{10}$
12	槲皮苷	$C_{21}H_{20}O_{11}$
13	山柰酚-3-O-β-D-半乳糖苷	$C_{21}H_{20}O_{11}$
14	槲皮素-3-O-β-D-葡萄糖苷	$C_{21}H_{20}O_{12}$
15	异鼠李素-3-O-α-L-鼠李糖苷	$C_{22}H_{22}O_{11}$
16	槲皮素 3-O-β-D-吡喃半乳糖苷	$C_{21}H_{20}O_{12}$

黄酮类化合物具有广谱的药理作用，有抗氧化、抗癌、抗肿瘤、抗炎、免疫调节、抑菌抗病毒、抗心脑血管疾病、降血糖降血脂等作用，类黄酮还具有

抗菌、抗炎和抗肿瘤等生物活性，因此在医药、食品等领域具有广泛的应用前景，而花椒叶中具有较高的黄酮含量，由此可以加大对花椒叶的利用率。

8.2.7　多酚

多酚具有防治癌症、心血管疾病、糖尿病和骨质疏松症等药理活性。以实验所得的没食子酸的回归方程 $y = 0.002x + 0.0095$（$R^2 = 0.9974$）为基础，计算出花椒叶醇提取物中总酚的含量为 552.71 g/kg。通过对 7 种不同的花椒叶的黄酮含量进行比对，得出野生花椒叶的总酚含量最高为 23.66 mg/g，可作为提取总酚的一种原料。

8.2.8　其他成分

采用国标 GB/T 5009.10—2003 中的灼烧称重法和酸、碱洗涤法分别测定粗纤维、灰分的含量，得出花椒叶中粗纤维和灰分的含量分别为 5.69% 和 6.67%。通过对不同花椒叶的比较，得出武汉大红袍的蛋白质含量和灰分最高，适用于做木本芽菜食用。

8.3　生物活性

8.3.1　抑菌活性

采用滤纸片法对秦椒花椒叶提取物对三种常见菌（大肠杆菌、枯草芽孢杆菌、金黄色葡萄球菌）的抑菌效果进行研究，得出花椒叶提取物对三种常见菌都有一定的抑菌作用，影响抑菌效果的条件有温度、花椒叶提取物浓度和酸碱环境，其中温度影响不明显。抑菌效果随提取液浓度的增大而增加，在中性（pH=7.0）至偏碱性（pH=7.0~10.0）条件下抑菌效果明显。而在酸性（pH=4.0~6.0）条件下几乎无效果，花椒叶提取物对革兰氏阳性菌金黄色葡萄球菌和枯草芽孢杆菌作用效果相对较好，对大肠杆菌的抑制效果较弱。这从临床医学的角度证明了花椒提取液具有抑菌，降压止痛，麻醉等作用；同时将花椒叶提取液进行红外线扫描，得出其主要化学基团为羟基盐、醇及水；通过药敏实验得出其对大肠杆菌、痢疾杆菌、白喉杆菌、肺炎双球菌、金黄色葡萄球菌、伤寒杆菌、皮肤真菌、变形杆菌、绿脓杆菌有较强的抑制作用。用花椒叶浸提液对土壤微生物进行研究，含有花椒叶浸提液的土样和根际土土样的细菌数量分别显著下降了 33% 和 25%（$P < 0.05$，$n = 3$），根外土土样细菌数量

显著下降了 30% （$P < 0.05$，$n = 3$），无苗土中土样的细菌数量分别显著下降了 14% 和 35%（$P < 0.05$，$n = 3$）。与对照相比，根际的微生物总数都是显著性减少，施加叶浸提液的非根基土土样中微生物总数有所增加，根际放线菌数量在微生物总数所占比例有所增加，说明浸提液改变了微生物的群落结构和组成。在叶浸提液作用下，根际效应对三种菌落数量的影响都有所减弱，说明花椒叶浸提液使根际的生物活性有所下降，其对放线菌的根际效应减弱最少，细菌次之，真菌最多。

8.3.2 抗氧化活性

对不同种花椒叶黄酮提取液的还原能力做了对比，水、乙醇、丙酮提取的总黄酮及 VC 溶液清除 DPPH 自由基的 IC_{50} 分别为 24 μg/mL、17.5 μg/mL、7.6 μg/mL、75 μg/mL，由此得出丙酮提取液所提取的黄酮还原能力最高，水溶液提取的总黄酮还原能力最低，但依然高于 VC；经 D4020 型树脂纯化后的花椒叶总黄酮清除 DPPH 的 IC_{50} 为 12.5 μg/mL，比 VC 提取的高很多，由此可见花椒叶黄酮具有较好的抗氧化性，是一种良好的天然抗氧化剂。用花椒叶提取液对白鲢咸鱼进行处理，在其加工过程中白鲢咸鱼总脂肪含量相对于空白略有增加（$P > 0.05$），游离脂肪酸所占比例相对于空白有所下降（$P < 0.05$）。该实验表明添加花椒叶提取物可以有效降低脂肪氧化水平，且随着花椒叶的添加量增多，过氧化值（POV）和硫代巴比妥酸值（TBARS）都显著下降（$P < 0.05$）。以大豆油为底物，采用碘量法，研究了花椒叶提取物对植物油脂的抗氧化作用，得出花椒叶的抗氧化性的强弱与花椒叶提取物的量及工作时间有关，一定范围内添加的花椒叶提取物量与抗氧化作用呈正相关，当添加量超过 0.06%，抗氧化作用变化不明显，作用时间越长，抗氧化作用越弱，作用时间长于 9 d 时，其 POV 值变化减小。通过细胞模型法对不同浓度的花椒叶黄酮溶液处理 HT-29 细胞前后荧光强度的变化研究，得出 1.0 mg/mL 范围内的花椒叶黄酮浓度对 HT-29 细胞无毒性，且具有很好的抗氧化作用，随着花椒叶黄酮浓度的增大，抗氧化作用也增强，在经 H_2O_2 处理 1 h 后，花椒叶黄酮清除细胞内 ROS 的 IC_{50} 值仅为 207 g/mL，表现出较强的细胞内抗氧化的能力。

8.3.3 酶活性

采用国际通用的模式生物黑腹果蝇研究花椒叶醇提物的体内活性，以抗氧化酶、SOD 和 GSH-Px 活性为指标，结果显示花椒叶醇提取物能够提高黑腹果蝇的 SOD 和 GSH－Px 活性。通过花椒叶浸提液浇灌花椒幼苗，进而研究花椒叶对土壤酶活性的影响，得出浸提液使根系土壤蔗糖酶、酸性磷酸酶和蛋白酶活性明显低于非根际土，而过氧化氢酶和多酚氧化酶活性则显著上升。土壤蛋白酶活性与蔗糖酶活性呈显著正相关，与土壤放线菌数量呈显著负相关，多酚氧化酶活性与蔗糖酶活性呈显著负相关，与细菌、真菌、放线菌以及微生物总数呈显著正相关；放线菌只与蛋白酶、多酚氧化酶、蔗糖酶 3 种酶活性及真菌呈显著相关，与过氧化氢酶、酸性磷酸酶以及细菌和微生物总数的相关性均不显著。

8.3.4　化感作用

化感作用是植物或微生物向环境释放某些化学物质，因微环境的形成导致其他生物生长的促进或者抑制现象。研究朝仓花椒叶浸提液对白菜种子萌发，幼苗生长的抑制作用发现随花椒提取液浓度的增大而增加，白菜幼苗的 CAT、POD、SOD 等活性的降低说明花椒叶的化感作用是通过白菜幼苗的酶系统破坏而实现。通过对花椒叶提取液对大豆种子萌发和幼苗生长影响的研究，得出浸提液浓度高于 40 g/L 时对不同种的大豆都呈现抑制作用。

8.3.5　其他活性

除以上活性外，花椒叶也具有一定的抗癌活性。研究得出簕欓花椒叶挥发油对 4 种细胞均有一定抑制活性，其对白血病细胞 K－562 的抑制活性最强，IC_{50} 值达 1.76 $\mu g/mL$，而对其他三种肿瘤细胞的半数抑制浓度 IC_{50} 均在 30 $\mu g/mL$ 左右。早在 1991 年就有研究人员通过花椒叶治疗顽固创面的 27 例现象中分析得出：花椒叶对于创面愈合有利，是一个多功效的综合治疗，提倡对花椒叶医药产品的大量推广。另外，花椒叶还具有一定的杀虫作用，在除猫绦虫上花椒叶粉末的投喂可以有效的减少虫卵的数量，说明成熟期的花椒叶亦可进行资源开发。

8.4　资源开发及展望

随着全球资源日益紧缺，充分利用现有资源开发新产品成为必然趋势，在此大环境下，花椒叶作为花椒的副产物，具有营养丰富，来源广泛等优势，日益受到人们的重视。近年来，以花椒叶嫩芽为主的花椒菜品已在开发，温室食用花椒种苗菜便是一个很好的例子，以花椒叶为原料的食品产品也渐渐崭露头角，如花椒芽菜辣酱，且花椒叶在食品开发上还有很大的空间；对花椒叶黄酮的提取可以增加天然植物黄酮的来源，同时花椒叶的抗菌、抗氧化性能在绿色护肤产品开发方面也具有一定的前景，例如止痒的绿色沐浴液的开发，据实验调查其具有止痒的效果，对治疗皮疹也有一定的效果；花椒叶精油也可作调香原料，应用于化妆品，沐浴品类的加工；另外，花椒叶具有多种药理活性，在医药保健方面也具有广阔的开发利用前景。鉴于研究现状，增加对花椒叶的科学研究和产品开发有利于促进花椒产业链的发展，扩大花椒资源的经济效益。

参考文献

[1] 陈锡，曾晓芳，赵德刚. 朝仓花椒叶水浸提物对白菜种子萌发及幼苗生长的影响 [J]. 种子，2016，35（20）：37—41.

[2] 陈槐萱，谢王俊，李霄洁，等. 汉源产红花椒叶中麻味物质特征的研究 [J]. 中国调味品，2014，39（16）：43—47.

[3] 杜文倩，史波林，欧克勤，等. 基于麻味物质构成特征的红花椒高效液相色谱指纹图谱建立研究 [J]. 食品安全质量检测学报，2016，7（3）：1138—1144.

[4] 邓振义，孙丙寅，康克功，等. 花椒嫩芽主要营养成分的分析 [J]. 西北林学院学报，2005，20（1）：179—180.

[5] 樊经建. 花椒、花椒叶芳香油及椒籽油的成分分析 [J]. 中国油脂，1992，（1）：32—34.

[6] 范菁华，徐怀德，李钰金，等. 超声波辅助提取花椒叶总黄酮及其体外抗氧化性研究 [J]. 中国食品学报，2010，10（6）：22—28.

[7] 韩志军，陈静，郑寒，等. 花椒叶浸提液对大豆种子萌发和幼苗生长的化感作用 [J]. 应用与环境生物学报，2011，17（4）：585—588.

[8] 君珂，刘森轩，刘世欣，等. 花椒叶多酚提取物对白鲢咸鱼脂肪氧化及脂肪酸组成的影响 [J]. 食品工业科技，2015，36（15）：109—113.

[9] 纪珍珍. 花椒叶主要成分分析和干燥特性研究 [D]. 杨凌：西北农林科技大学，2015.

[10] 罗爱国，胡变芳，赵健. 花椒叶提取物抗氧化性及协同效应 [J]. 江苏农业科学，2014，42（5）：240—242.

[11] 罗晨. 青花椒中的风味物质与营养成分分析 [J]. 粮油加工，2015，（11）：65—67，71.

[12] 刘军海. 微波辅助提取花椒叶黄酮及其抗氧化活性研究 [J]. 中国调味品，2015，40（7）：16—20.

[13] 龚晋文，胡变芳，闫林林，等. 花椒叶提取物抑菌效果的初步研究 [J]. 广东农业科学，2011，38（24）：57—58.

[14] 李克坤. 花椒叶液在炸伤及烧伤中的应用 [J]. 西北国防医学杂志，1991，（3）：

42—42.

[15] 李克坤. 花椒叶液治疗顽固性创面 27 例 [J]. 中华中医药杂志, 1991, (6): 31-32.

[16] 吕可, 潘开文, 王进闯, 等. 花椒叶浸提液对土壤微生物数量和土壤酶活性的影响 [J]. 应用生态学报, 2006, 17 (9): 1649-1654.

[17] 刘雄. 花椒风味物质的提取与分离技术的研究 [D]. 重庆: 西南农业大学, 2003.

[18] 李焱, 黄筑艳. 微波萃取花椒叶挥发油的工艺研究 [J]. 贵州化工, 2005, 30 (3): 17-18.

[19] 龙永泉, 沈学文, 肖啸. 花椒叶驱除猫绦虫效果观察 [J]. 山东畜牧兽医, 2012, 33 (5): 1-4.

[20] 靳岳, 刘福权, 赵志峰, 等. 基于 Half-tongue 检验测定花椒麻味强度的研究 [J]. 中国调味品, 2016, 41 (6): 80-83.

[21] 齐素芬, 张华峰, 姚美, 等. 苯酚-硫酸法测定花椒叶多糖含量 [J]. 食品科学技术学报, 2015, 33 (4): 40-46.

[22] 孙晨倩, 王正齐, 姚美, 等. 花椒叶的化学组成、叶提取物体外抗氧化活性及其对黑腹果蝇抗氧化酶活性的影响 [J]. 植物资源与环境学报, 2015, 24 (4): 38-44.

[23] 史劲松, 顾龚平, 吴素玲, 等. 花椒资源与开发利用现状调查 [J]. 中国野生植物资源, 2003, 22 (5): 6-8.

[24] 吴刚, 秦民坚, 张伟, 等. 椿叶花椒叶挥发油化学成分的研究 [J]. 中国野生植物资源, 2011, 30 (3): 60-63.

[25] 巫建国, 谭群. 花椒叶沐浴液的研制 [J]. 精细石油化工进展, 2012, 13 (8): 36-38.

[26] 王晓梅, 曹稳根. 黄酮类化合物药理作用的研究进展 [J]. 宿州学院学报, 2007, 22 (1): 105-107.

[27] 王振忠, 武文洁. 花椒麻味素的研究概况 [J]. 食品与药品, 2006, 8 (3): 26-29.

[28] 薛婷, 黄峻榕, 李宏梁. 国内外花椒副产物的研究现状及其发展趋势 [J]. 中国调味品, 2013, 38 (12): 106-110.

[29] 谢王俊, 祝瑞雪, 钟凯, 等. 响应面法优化花椒叶调味油超声浸提工艺 [J]. 中国调味品, 2014, 39 (3): 50-53, 58.

[30] 杨立琛, 李荣, 姜子涛. 大孔吸附树脂纯化花椒叶总黄酮的研究 [J]. 中国调味品, 2012, 37 (7): 30-35.

[31] 杨立琛. 花椒叶黄酮的微波提取及其成分分析 [D]. 天津: 天津商业大学, 2013.

[32] 张大帅, 钟琼芯, 宋鑫明, 等. 簕欓花椒叶挥发油的 GC-MS 分析及抗菌抗肿瘤活 (6) 性研究 [J]. 中药材, 2012, 35 (8): 1263-1267.

[33] 周江菊, 任永权, 雷启义. 樗叶花椒叶精油化学成分分析及其抗氧化活性测定 [J]. 食品科学, 2014, 35 (6): 137-141.

[34] 周向军, 高义霞, 呼丽萍, 等. 刺异叶花椒叶挥发性成分 GC-MS 分析研究 [J]. 资

源开发与市场，2009，25（6）：490—491.

[35] 张玉娟. 花椒叶抗氧化活性成分的分离、结构鉴定及其构效关系 [D]. 杨凌：西北农林科技大学，2014.

[36] Bryant B P, Mezine I. Alkylamides that produce tingling paresthesia activate tactile and thermal trigeminal neurons [J]. Brain research，1999，842（2）：452.

[37] ChiangLC, ChiangW, ChangMY, et al. Antileukemic activi—ty of selected natural products products in Taiwan [J]. AmJ chin med，2003，31（l）：37—46.

[38] FANG Z, BHANDARI B. Encapsulation of polyphenols：a review [J]. Trends in food science and technology，2010，21：510—523.

[39] Orr W C, Sohal R S. Extension of life—span by overexpression ofsuperoxide dismutase and catalase in drosophila melanogaster [J]. Science，1994，263：1128—1130.

[40] Sun H, Mu T, Xi L, et al. Sweet potato (Ipomoea batatas L.) leaves as nutritional and functional foods [J]. Food chemistry，2014，156（8）：380—389.

第9章　茂县花椒叶化学成分及抗氧化活性研究

9.1　引言

茂县地处青藏高原东缘，海拔高、昼夜温差大、环境污染少，当地"大红袍"花椒栽培历史悠久，为国家地理标志产品，享有较高声誉，是当地重要的具有经济效益和生态效益的植物种类。大量研究表明，国内外对茂县花椒的研究主要集中于花椒，对花椒叶的研究有限，如果这部分资源能得到充分利用，将推动花椒产业的可持续发展，为花椒产业创造出更多的经济价值。

运用水蒸气蒸馏法对椿叶花椒叶的挥发油进行提取，采用气质联用对其成分进行分析，确定其主要成分为2-壬酮、芳樟醇、β-水芹烯等。对野生樗叶花椒叶的化学成分和抗氧化活性进行研究，利用气质联用技术鉴定出其挥发性成分主要有α-水芹烯、桉叶醇、松油烯-4-醇、γ-萜品烯、α-萜品烯、α-松油醇等。采用同时蒸馏萃取并用气相色谱－质谱法对黔产刺异叶花椒叶进行研究，确定37种化合物，主要为萜类化合物及其衍生物。采用同样的方法研究发现甘肃陇南地区成县的刺异叶花椒叶含有35种挥发油化合物，相对百分含量占总挥发油的71.6%，主要为肉豆蔻醚、黄樟素、异丁香甲醚、罗勒烯等。利用GC－MS法分析簕欓花椒叶挥发油组分，鉴定出72种成分，含量较高的为芳樟醇、β-榄香烯、（E）-2-己烯-1-醇、石竹烯氧化物等。此外，研究表明化学成分萜品油烯、α-蒎烯、γ-萜品烯、α-蒎烯等具有一定的生物活性，如抗氧化活性等。这些实验为进一步研究茂县花椒叶化学成分和生物活性提供了方法参考。

本章综合运用理化检验、氨基酸自动分析仪、超高效液相色谱－线性离子阱－质谱仪（UPLC－QTRAP－MS/MS）、气相色谱－质谱联用（GC－MS）和电子鼻（E－nose）等多种方法，更加客观、整体和科学地对茂县花椒叶风味化学物质和营养成分进行分析，同时采用DPPH法、β-胡萝卜素－亚油酸法、硫氰酸铁法（FTC 法）三种抗氧化活性方法对其抗氧化活性进行研究，为茂县花椒叶的进一步综合开发利用提供基础参考数据。

9.2 试验材料和仪器

9.2.1 试验材料

（1）花椒叶

花椒叶于 2017 年 4 月底采自四川省茂县，为花椒嫩芽。

（2）试剂

DPPH 标准试剂、BHT 标准试剂、β-胡萝卜素、亚油酸、磷酸缓冲液、氯仿、无水乙醇、硫氰酸铵、氯化铁、盐酸等，均为分析纯。

9.2.2 试验仪器

FW－100 型高速万能粉碎机（上海隆拓仪器设备有限公司），BT423S 型电子天平（德国赛多利斯公司），KQ－100B 台式超声波清洗器（宁波新芝生物科技股份有限公司），LD5－10 型离心机（北京京立离心机有限公司），756P 型紫外－可见分光光度计（上海圣科仪器设备有限公司），DC－P3 型全自动测色色差计（北京市兴光测色仪器有限公司），L－8900 氨基酸自动分析仪（日本日立公司），FOX 4000 气味指纹分析仪（法国 Alpha－Mos 公司），Exion LC AD—3200—QTRAP 液相色谱－串联质谱仪（美国 Applied Biosystem 公司），SQ8/Clarus 680 气相色谱质谱联用仪（美国 Per－kinElmer 公司）。

9.3 试验方法

9.3.1 水分测定

采用 GB/T 5009.3—2003 直接称重法测定，平行测定 3 次，取平均值。

9.3.2 色差，形状测定

选取具有代表性、均匀一致的花椒叶，利用色差计测定其色差。测量叶片的最长最宽处作为长宽，平行测定 3 次，取平均值。

9.3.3　氨基酸测定

采用氨基酸自动分析仪测定，必需氨基酸与总氨基酸含量比值（E/T）参照文献。

9.3.4　电子鼻分析

称取 0.20 g 花椒叶样品置于顶空瓶中，压盖密封，加热 10 min 后取 1000 μL 气体使用 FOX 4000 电子鼻进行分析。手动进样，进样速度 1000 μL/s，数据采集时间 2 min，在进行数据分析与处理时选择每个传感器的最大响应强度值进行分析。

9.3.5　GS-MS 测试

固相微萃取条件：取样品 0.20 g 置于 15 mL 样品瓶中，加入搅拌子密封，磁力搅拌装置温度 60℃，转速 80 r/min，平衡 10 min，然后将老化（250℃，10 min）的萃取头插入样品瓶萃取 60 min，随后插入 GC-MS 进样口，解析 10 min。

色谱条件：色谱柱为 Elite-5MS（30 m×0.25 mm×0.25 μm），进样口温度为 250℃；升温程序：起始温度 40℃，保持 1 min，以 5℃/min 升至 170℃，保留 1 min，然后以 15℃/min 升至 250℃，保留 1 min。载气（He 99.9999%），流速 1 mL/min，分流比 5：1。

质谱条件：EI 离子源，电子轰击能量为 70 eV，离子源温度 230℃。质量扫描范围：35~400 m/z，扫描延迟 1 min。标准调谐文件。将质谱检测到的数据与标准质谱库（NIST2011）对照，正反匹配度均大于 700，并比对相关文献进行挥发性物质的定性。

9.3.6　液相色谱检测

样品制备：称取 100 mg 花椒叶冻干粉于离心管中，加 5 mL 甲醇水（甲醇/水，1：4），涡旋混匀超声提取 5 min 后 10000 转离心 5 min，取上清液，过 0.22 μm 滤膜后用超高效液相色谱-线性离子阱-质谱仪检测。

色谱条件：色谱柱（HSS T3 3.0×100 mm），流动相（A：5 mmol 乙酸铵+0.05% 甲酸水溶液和甲醇，B：水和乙腈），流速（0.5 mL/min），梯度：24 min，B 相从 3%~97%，柱温（40℃）。

质谱条件：电离源（EIS），气帘气（35 psi），辅助气 1（60 psi），辅助气

2 (50 psi), 喷雾电压 (5500/−4500), 离子源温度 (600℃)。采用多反应监测—信息关联—增强子离子 (MRM—IDA—EPI) 采集方式及谱库检索技术，通过化合物的保留时间、离子对丰度比以及 EPI 标准谱库检索对比进行化合物筛查定性分析。

9.3.7 抗氧化活性分析方法

（1）DPPH 法

将 2 mL 样品溶液和 2 mL DPPH 标准溶液加入同一试管中，混合摇匀后避光静置 30 min 后以 80%无水乙醇空白对照测定其吸光度记录为 A，同时测定 2.0 mL DPPH 标准溶液与 2.0 mL 80%无水乙醇混合后的吸光度记录为 A_1，以及 2.0 mL 样品提取液和 2.0 mL 80%无水乙醇混合后的吸光度记录为 A_0。平行测定 3 次，取平均值后按照以下公式计算清除率 (D)。$D = [1 − (A − A_0)/A_1] × 100\%$；清除率越大，则表示该试样的抗氧化活性越强。

（2）β-胡萝卜素-亚油酸法

取 β-胡萝卜素-亚油酸溶液 45 mL，加 4 mL 的 0.2 mol/L pH7.0 的磷酸缓冲液，混合均匀，制成反应介质溶液。在试管中逐一加入 4.0 mL 反应介质溶液，再加入 0.1 mL 样品，同时设置不含试样的对照管，用 0.1 mL 80%乙醇代替。混合均匀后立即转移到比色杯中，并在 470 nm 处测量初始吸光值，然后将所有试管逐一置于 50℃恒温水浴中加热 30 min 后，再测定每管的吸光值。平行测定 3 次，取平均值后按照以下公式计算抗氧化活性 (AA)，其值越大，抗氧化活性越强。$AA = [1 − (SA_0 − SA_t)/(CA_0 − CA_t)] × 100\%$，其中 SA_0 和 CA_0 分别为样品和对照在 0 min 的吸光值，SA_t 和 CA_t 分别为样品和对照在 30 min 的吸光值。

（3）硫氰酸铁法（FTC 法）

取样品提取液 4.00 mL 放入具塞试管中，加入 4.10 mL 2.5%亚油酸（80%乙醇溶液配制），8 mL 0.05 mol/L 磷酸缓冲液（pH 6.86）和 3.90 mL 无离子水，置于 (40±1)℃电热恒温水浴锅中，隔 24 h 用 FTC 法测定过氧化生成量，以吸光度值表示；抗氧化活性越强，提取液的吸光度值越小。对照用 4 mL 80%乙醇溶液代替，以 BHT 作为标准抗氧化剂。FTC 法操作步骤：取 (40±1)℃恒温培养液 0.1 mL，分别加入 9.7 mL 体积分数 80%乙醇溶液和 0.1 mL 质量分数 30%硫氰酸铵，然后加入 0.1 mL 0.02 mol HCl 溶液，准确反应 3 min，于 500 nm 波长测定吸光值 A_{500}。平行测定 3 次，其值越小，抗氧化活性越强。

9.3.8　数据处理

数据结果（$\bar{x}x \pm s$）由 SPSS 22.0 完成。

9.4　结果与分析

9.4.1　理化指标

实验测得茂县花椒叶的形状、水分和色差（L，a^* 和 b^*）值见表 9−1。由表 9−1 分析得：茂县花椒叶嫩芽长 2.45 cm、宽 1.31 cm，水分含量 74.90%，色差值 L、a^*、b^* 分别为 26.95、−13.37 和 16.02。其中 L 值越大，表示亮度越高；a^* 正值代表红色深浅程度，负值代表绿色深浅程度；b^* 正值代表黄色深浅程度，负值代表蓝色深浅程度。结果表明茂县花椒叶水分含量较高，色泽青绿鲜亮。

表 9−1　茂县花椒叶理化指标

指标	长	宽	水分（%）	L	a^*	b^*
数值	2.45±0.33cm	1.31±0.22cm	74.90±0.50	26.95±0.03	13.37±0.05	16.02±0.03

9.4.2　氨基酸组成及含量分析

茂县花椒叶中氨基酸组成及其含量见表 9−2。由表 9−2 可知，茂县花椒叶 17 种氨基酸总含量达到 23.52%，高于茂县花椒氨基酸总含量，其中含量最高的氨基酸为天冬氨酸，其含量为 3.79%，最低的是半胱氨酸，含量仅为 0.14%。除色氨酸外，其余 7 种必需氨基酸总量为 8.68%，必需氨基酸与总氨基酸含量的比值（E/T）达到 36.90%，限制性氨基酸赖氨酸含量为 1.66%，说明花椒叶具有较好的营养价值。此外，花椒叶中的鲜味氨基酸−谷氨酸和天冬氨酸含量丰富（6.40%），甜味氨基酸−丙氨酸、甘氨酸、苏氨酸和丝氨酸含量也较高（5.30%），说明其具有鲜美的风味。

表 9−2　氨基酸含量测定结果

氨基酸 Amino acids	含量（%）	氨基酸 Amino acids	含量（%）
天冬氨酸 Asp	3.79	异亮氨酸 Ile	0.99
苏氨酸 Thr	1.16	亮氨酸 Leu	2.13

氨基酸 Amino acids	含量（%）	氨基酸 Amino acids	含量（%）
丝氨酸 Ser	1.67	酪氨酸 Tys	0.66
谷氨酸 Glu	2.61	苯丙氨酸 Phe	1.16
甘氨酸 Gly	1.19	赖氨酸 Lys	1.66
丙氨酸 Ala	1.28	组氨酸 His	0.46
半胱氨酸 Cys	0.14	精氨酸 Arg	1.46
缬氨酸 Val	1.36	必需氨基酸 Essential amino acids	8.68
脯氨酸 Pro	1.58	非必需氨基酸 Non-essential amino acids	6.40
甲硫氨酸 Met	0.22	总氨基酸 Total amino acids	23.52

9.4.3 电子鼻分析

采用电子鼻检测茂县花椒叶的香气成分，得到花椒叶样品在不同传感器下的响应情况，如图 9-1 所示。为了更直观地将花椒叶样品的信号强度进行对比分析，将电子鼻的 18 根不同传感器的响应强度峰值平均分布在圆周上，并描点成一个雷达指纹图谱，如图 9-2 所示。从雷达图中可以直观地看出，样品在不同传感器下的传感器信号强度存在显著差异，其传感器信号强度较高的主要集中于 6 种传感器上，分别为 LY2/LG、LY2/G、P40/2、P30/1、PA/2、T30/1 传感器。由此可知，花椒叶的香气成分可能含有胺类化合物，碳氧化合物，碳氢化合物等诸多物质。

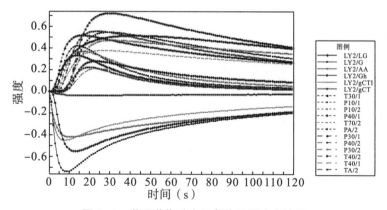

图 9-1 茂县花椒叶电子鼻传感器响应情况

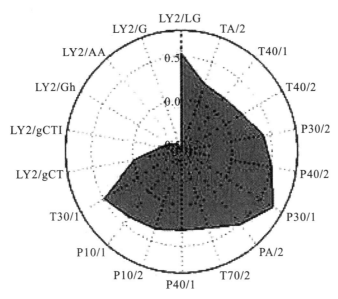

图 9-2　茂县花椒叶样品电子鼻雷达指纹图谱

9.4.4　GC-MS 检测分析

利用固相微萃取-气质联用技术检测茂县花椒叶挥发性成分，其总离子流图如图 9-3 所示，所确认的花椒叶挥发性组分及其峰面积相对百分含量见表 9-3。

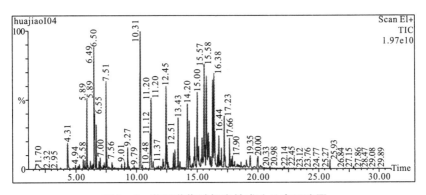

图 9-3　茂县花椒叶挥发性成分总离子流图

经标准图谱库比对和文献参考确定，从茂县花椒叶中共鉴定出 63 种化合物成分，占总含量的 70.30%，包括酯类、醛类、烯类、醇类、酮类等，主要为 2-氨基苯甲酸-3,7-二甲基-1,6-辛二烯-3-醇酯（8.446%）、2-十三烷酮（5.253%）、d-柠檬烯（4.447%）、（1S，8aR)-1-异丙基-4,7-二甲基-1,2,3,5,

6,8a-六氢萘（4.019%）、α-律草烯（4.013%）、（±）-α-乙酸松油酯（3.555%）、β-石竹烯（3.350%）、芳樟醇（3.021%）、β-蒎烯（2.398%）、癸酸乙酯（2.320%）、反式-橙花叔醇（2.306%），其含量均为2%以上。鉴定出的化合物种类和含量与采用气质联用仪分析籥檬花椒叶挥发油的化学成分的结果略有差别，没有检测出肉豆蔻醚、桧烯、α-蒎烯、月桂烯和桉油精等成分，与关于刺异叶花椒叶的研究也有不同，这可能与花椒叶种类、产地、采摘时间和实验条件的设置有关。

表 9-3　茂县花椒叶挥发性成分

序号	保留时间（min）	化合物名称	分子式	相对含量（%）
1	1.729	乙醇（Ethanol）	C_2H_6O	0.731
2	1.850	硼烷二甲硫醚络合物（Borane-methyl sulfide complex）	C_2H_9BS	1.411
3	2.537	2-甲基丁醛(2-Methylbutanal，)	$C_5H_{10}O$	0.176
4	2.779	反-4-甲基环己醇（trans-4-Methylcyclohexanol，）	$C_7H_{14}O$	0.086
5	3.734	正己醛（Hexanal）	$C_6H_{12}O$	0.134
6	4.305	2-己烯醛（2-Hexenal）	$C_6H_{10}O$	1.483
7	4.768	苯乙烯（Styrene）	C_8H_8	0.094
8	4.943	2-乙基呋喃（Furan, 2-ethyl-）	C_6H_8O	0.243
9	5.260	3,6,6-三甲基-双环(3.1.1)庚-2-烯（Bicyclo[3.1.1]hept-2-ene, 3,6,6-trimethyl-）	$C_{10}H_{16}$	0.207
10	5.581	苯甲醛（Benzaldehyde）	C_7H_6O	0.398
11	5.727	3-异丙基-6-亚甲基-1-环己烯（β-phellandrene）	$C_{10}H_{16}$	0.242
12	5.893	β-蒎烯（Beta-pinene）	$C_{10}H_{16}$	2.398
13	6.169	反,反-2,4-庚二烯醛（2,4-Heptadienal,(E,E)-）	$C_7H_{10}O$	0.366
14	6.306	δ-4-carene((+)-4-Carene)	$C_{10}H_{16}$	0.115
15	6.390	2-乙基己醇（2-ethyl-1-hexanol）	$C_8H_{18}O$	0.192
16	6.498	d-柠檬烯（D-Limonene）	$C_{10}H_{16}$	4.447
17	6.548	桉叶油素（Eucalyptol）	$C_{10}H_{18}O$	1.589

续表

序号	保留时间（min）	化合物名称	分子式	相对含量（%）
18	6.669	罗勒烯（(E)-β-ocimene）	$C_{10}H_{16}$	1.293
19	6.894	γ-松油烯（γ-Terpinene）	$C_{10}H_{16}$	0.224
20	7.236	二烯丙基二硫（Diallyl disulphide）	$C_6H_{10}S_2$	0.120
21	7.327	萜品油烯（Terpinolene）	$C_{10}H_{16}$	0.195
22	7.386	甲基-4-(1-甲基乙烯基)苯（Alpha,P-Dimethylstyrene）	$C_{10}H_{12}$	0.091
23	7.511	芳樟醇（Linalool）	$C_{10}H_{18}O$	3.021
24	7.561	壬醛（Nonanal）	$C_9H_{18}O$	0.222
25	8.766	安息香酸乙酯（Benzoic acid, ethyl ester）	$C_9H_{10}O_2$	0.193
26	9.012	(-)-萜品-4-醇（(-)-Terpinen-4-ol）	$C_{10}H_{18}O$	0.211
27	9.274	α-松油醇（α-Terpineol）	$C_{10}H_{18}O$	0.897
28	9.395	正癸醛（Decanal）	$C_{10}H_{20}O$	0.087
29	9.791	3,7-二甲基-2-烯-1-醇（3,7-Dimethyloct-2-en-1-ol）	$C_{10}H_{20}O$	0.178
30	10.325	2-氨基苯甲酸-3,7-二甲基-1,6-辛二烯-3-醇酯（1,6-Octadien-3-ol, 3,7-dimethyl-, 2-aminobenzoate）	$C_{17}H_{23}NO_2$	8.446
31	10.479	薄荷酮（piperitone）	$C_{10}H_{16}O$	0.184
32	11.121	茴香脑（Anethole）	$C_{10}H_{12}O$	1.417
33	11.205	2-十一酮（2-Undecanone）	$C_{11}H_{22}O$	3.733
34	11.822	癸酸甲酯（Decanoic acid, methyl ester）	$C_{11}H_{22}O_2$	0.117
35	12.451	(±)-α-乙酸松油酯（Terpinyl Acetate）	$C_{12}H_{20}O_2$	3.555
36	12.505	(-)-Alpha-荜澄茄油烯（(-)-α-CUBEBENE）	$C_{15}H_{24}$	0.680
37	12.597	顺-3,7-二甲基-2,6-辛二烯-1-醇乙酸酯（2,6-Octadien-1-ol,3,7-dimethyl-, acetate,(Z)-）	$C_{12}H_{20}O_2$	0.229
38	12.651	醋酸-[1S,(-)]-2-甲基-5β-(1-甲基乙烯基)-2-环己烯-1α-基酯（2-methyl-5-(prop-1-en-2-yl)cyclohex-2-en-1-yl acetate）	$C_{12}H_{18}O_2$	0.100

序号	保留时间 (min)	化合物名称	分子式	相对含量 (%)
39	13.035	乙酸香叶酯(Geranyl acetate)	$C_{12}H_{20}O_2$	0.659
40	13.427	癸酸乙酯(Decanoic acid, ethyl ester)	$C_{12}H_{24}O_2$	2.320
41	14.198	β-石竹烯(Caryophyllene)	$C_{15}H_{24}$	3.350
42	14.790	反式-β-金合欢烯(Trans-β-farnesene)	$C_{15}H_{24}$	1.411
43	14.873	石竹素(Caryophyllene oxide)	$C_{15}H_{24}O$	0.151
44	14.998	α-律草烯((1E,4E,8E)-α-Humulene)	$C_{15}H_{24}$	4.013
45	15.315	(1S,8αR)-1-异丙基-4,7-二甲基-1,2,3,5,6,8a-六氢萘((+)-δ-Cadinene)	$C_{15}H_{24}$	0.302
46	15.478	Alpha-姜黄烯(α-Curcumene)	$C_{15}H_{22}$	0.115
47	15.765	2-十三烷酮(2-Tridecanone)	$C_{13}H_{26}O$	5.253
48	15.907	1,3-丙二醇,2-乙基-2-[(2-羟基乙氧基)甲基]((-)-α-muurolene)	$C_{15}H_{24}$	1.936
49	16.099	1-甲基-4-(1-亚甲基-5-甲基-4-己烯基)环己烯((S)-β-bisabolene)	$C_{15}H_{24}$	0.404
50	16.382	(1S,8aR)-1-异丙基-4,7-二甲基-1,2,3,5,6,8 α-六氢萘((+)-δ-cadinene)	$C_{15}H_{24}$	4.019
51	16.441	1,2,3,4-四氢-1,1,6-三甲基萘(1,1,6-Trimethyltetralin)	$C_{13}H_{18}$	1.068
52	16.862	α-二去氢菖蒲烯(α-Calacorene)	$C_{15}H_{20}$	0.115
53	17.233	反式-橙花叔醇(Nerolidol)	$C_{15}H_{26}O$	2.306
54	17.291	[1S-(1α,4α,7α)]-1,2,3,4,5,6,7,8-八氢化-1,4-二甲基-7-(1-甲基乙烯基)奥(α-Guaiene)	$C_{15}H_{24}$	0.452
55	17.900	月桂酸乙酯(Ethyl laurate)	$C_{14}H_{28}O_2$	0.404
56	18.079	正十六烷(Hexadecane)	$C_{16}H_{34}$	0.240
57	18.296	绿花白千层醇((+)-Viridiflorol)	$C_{15}H_{26}O$	0.166
58	18.604	月桂酸异丙酯(Lsopropyl laurate)	$C_{15}H_{30}O_2$	0.228
59	18.884	愈创木烯(1,4-dimethyl-7-propan-2-ylidene-2,3,4,5,6,8-hexahydro-1H-azulene)	$C_{15}H_{24}$	0.247

序号	保留时间（min）	化合物名称	分子式	相对含量（%）
60	19.705	2,2,5,5-四甲基联苯基 (2-(2,5-dimethylphenyl)-1,4-dimethylbenzene)	$C_{16}H_{18}$	0.819
61	19.997	红没药醇(Alpha-Bisabolol)	$C_{15}H_{26}O$	0.409
62	22.144	十四酸乙酯(Ethyl myristate)	$C_{16}H_{32}O_2$	0.099
63	25.929	十六酸乙酯(Ethyl hexadecanoate)	$C_{18}H_{36}O_2$	0.304

9.4.5　UPLC-QTRAP-MS/MS 检测分析

使用超高效液相色谱-线性离子阱-质谱（UPLC-QTRAP－MS/MS）对茂县花椒叶中的非挥发性成分化合物进行筛查，依靠质谱 MRM－IDA－EPI 检测系统，根据保留时间和离子对丰度比进行定性，经普图库检索确定，结果如表 9－4 所示。由表 9－4 得出，从茂县花椒叶样品中共鉴定出 33 种化合物，分为酰胺及生物碱类、香豆素及酮类和有机酸及脂类 3 大类，其中酰胺及生物碱类 15 种、香豆素及酮类 11 种、有机酸及脂类 7 种。检测出的酰胺类物质有花椒素、α-花椒麻素和α-羟基山椒素，与汉源产红花椒叶中麻味物质的研究结论相似，这是花椒麻味的主要呈味物质，说明花椒叶与花椒类似，也具有一定的麻味。

表 9－4　茂县花椒叶非挥发性成分超高效液相色谱-线性离子阱-质谱检测结果

序号	化合物类型	化合物
1	酰胺及 生物碱类	Xanthoxoline（花椒素），α-Sanshool（α-花椒麻素），Hydroxy-α-sanshool（α-羟基山椒素），Hazaleamide（N-（2-甲基丙基）十四碳-2,4,8,11-四烯酰胺），N-（4-methoxy-phenethyl）-3,4-dimethoxy-cinnamid（N-（4-甲氧基苯乙基）- 3,4-二甲氧基肉桂酰胺），Amatamide，Rubemamide，7-Isopentenyloxy-gamma-fagarine/Tecleanatalensine B，Lemairamin/Aianthamide，3-Methoxy-7-cinnamoylaegelie，Canthin-6-one-N-oxide（铁屎米酮-N 氧化物），5-Methoxycanthin-6-one（5-甲氧基铁屎米酮），Norchelerythrine（去里白屈菜红碱），Skimmianine（菌芋碱），N-Methylsanadine（N-甲基四氢小檗碱）

序号	化合物类型	化合物
2	香豆素及酮类	Pimpinellin（黄芹香豆素），Aesculetin dimethylether（6，7-二甲氧基香豆素），Tambulin 3.5-diacetata，Phebarudol，Rutin/Hespenidin（芸香苷橘皮苷），Xanthryletin（花椒内酯），Xanthoxylin（花椒油素），Sesamin/Asarinin（芝麻素/细辛脂素），Vitexin/Isovitexin（牡荆素异牡荆素），Premnenolone（孕烯醇酮），Prudomestin（3,5,7-三羟基-8,4-二甲氧基黄酮）
3	有机酸及脂类	Abscisic acid（脱落酸），Protocatechui acid（原儿茶酸），Catechin（儿茶酸），Coumaric acid（香豆酸），Caffeic acid（咖啡酸），Chlorogenic acid（绿原酸），Methylparaben（尼泊金甲酯）

9.4.6 抗氧化活性分析

分别使用 DPPH 法、β-胡萝卜素－亚油酸法和硫氰酸铁法（FTC 法）测定茂县花椒叶体外抗氧化活性，数据如表 9－5 所示。花椒叶提取物对 DPPH 抑制率达到 83.38%，β-胡萝卜素－亚油酸法得出数据为 21.41，FTC 法中测得数据为 0.105，说明花椒叶具有一定的抗氧化活性。

表 9－5 茂县花椒叶抗氧化活性

方法	DPPH 法	β-胡萝卜素－亚油酸法	FTC 法
数值	83.38%±0.50	21.41±0.50	0.105±0.01

9.5 本章小结

实验结果表明，茂县花椒叶嫩芽水分含量 74.90，色差值 L、a^*、b^* 分别为 26.95%、−13.37 和 16.02，含有 17 种氨基酸，必需氨基酸与总氨基酸含量比值 36.90%，且鲜味和甜味氨基酸含量丰富。电子鼻分析表明其香气物质可能含有胺类化合物，碳氧化合物，碳氢化合物等多种物质，顶空固相微萃取－气质联用检测得到 63 种物质挥发性风味成分，占总含量的 70.30%，主要为酯类、醛类、烯类、醇类等；超高效液相色谱－线性离子阱－质谱鉴定出 33 种非挥发性化合物，主要分为酰胺及生物碱类、香豆素及酮类和有机酸及酯类，说明茂县花椒叶拥有与花椒相似的浓郁麻香味。体外抗氧化活性结果表明，茂县花椒叶具有一定的抗氧化活性。综上所述，茂县花椒叶嫩芽水分含量较高，色泽青绿鲜亮，氨基酸营养丰富，具有独特的麻香风味，含有一定的抗氧化活性，具备食用开发潜力。

参考文献

[1] 陈训，贺瑞坤. 顶坛花椒和四川茂县大红袍花椒挥发油的 GC-MS 分析比较 [J]. 安徽农业科学，2009，37（5）：1879−1880，1885.

[2] 滑艳，汪汉卿. 白茎绢蒿挥发油的化学成分及抑菌作用的研究 [J]. 中成药，2007，（5）：754−756.

[3] 李美凤，陈艳，蒋丽施，等. 汉源、茂县花椒中重金属的测定 [J]. 轻工科技，2016，32（5）：14−15.

[4] 李霄洁，陈槐萱，谢王俊，等. 汉源产红花椒叶中麻味物质的研究 [J]. 中国调味品，2014，39（12）：124−128.

[5] 李焱，秦军，黄筑艳，等. 同时蒸馏萃取 GC-MS 分析刺异叶花椒叶挥发油化学成分 [J]. 理化检验（化学分册），2006，（6）：423−425.

[6] 乔明锋，刘阳，袁小钧，等. 茂县花椒化学成分分析及抑菌活性研究 [J]. 中国调味品，2017，42（4）：59−63，73.

[7] 孙晨倩，王正齐，姚美，等. 花椒叶的化学组成、叶提取物体外抗氧化活性及其对黑腹果蝇抗氧化酶活性的影响 [J]. 植物资源与环境学报，2015，24（4）：38−44.

[8] 史劲松，顾龚平，吴素玲，等. 花椒资源与开发利用现状调查 [J]. 中国野生植物资源，2003，22（5）：6−8.

[9] 师萱，陈娅，符宜谊，等. 色差计在食品品质检测中的应用 [J]. 食品工业科技，2009，30（5）：373−375.

[10] 吴刚，秦民坚，张伟，等. 椿叶花椒叶挥发油化学成分的研究 [J]. 中国野生植物资源，2011，30（3）：60−63.

[11] 王琪，田迪英，杨荣华. 果蔬抗氧化活性测定方法的比较 [J]. 食品与发酵工业，2008，（5）：166−169.

[12] 薛婷，黄峻榕，李宏梁. 国内外花椒副产物的研究现状及其发展趋势 [J]. 中国调味品，2013，38（12）：106−110.

[13] 张大帅，钟琼芯，宋鑫明，等. 簕欓花椒叶挥发油的 GC-MS 分析及抗菌抗肿瘤活性研究 [J]. 中药材，2012，35（8）：1263−1267.

[14] 周江菊，任永权，雷启义. 樗叶花椒叶精油化学成分分析及其抗氧化活性测定 [J]. 食品科学，2014，35（6）：137−141.

[15] 朱朦，白杰云，任洪娥. 基于 Lab 模型的树叶绿色色差变化梯度研究 [J]. 智能计算机与应用，2011，1（4）：55−57.

[16] 周向军，高义霞，呼丽萍，等. 刺异叶花椒叶挥发性成分 GC-MS 分析研究 [J]. 资源开发与市场，2009，25（6）：490−491+543.

[17] Prusak, Bernard G. The amino acid test [J]. Commonweal, 2010, 137 (14): 2-5.

[18] Ruberto G, Baratta M T. Antioxidant activity of selected essential oil components in two lipid model systems [J]. Food chemistry, 2000, 69 (2): 167-174.

[19] Tseng Y H, Lee Y L, Li R C, et al. Non-volatile flavour components of ganoderma tsugae. [J]. Food chemistry, 2005, 90 (3): 409-415.

[20] Wang X S, Tang C H, Yang X Q, et al. Characterization, amino acid composition and in vitro, digestibility of hemp (Cannabis sativa, L.) proteins [J]. Food chemistry, 2008, 107 (1): 11-18.

第10章　不同季节茂县花椒叶挥发性风味物质研究

10.1　引言

　　茂县位于川西高原，茂县花椒为该地区特产，是中国国家地理标志产品，其栽培历史悠久，质地优良，国内驰名。花椒叶作为花椒的第一大副产物，具有丰富的利用价值，在制作调料、椒茶、提取香精或食用等方面均有报道。但关于花椒叶的研究相对较少，对花椒叶的研究利用有利于增加花椒产业的效益，因此迫切需要对副产物花椒叶的利用进行深入的研究。花椒叶作用的发挥与其所含挥发性成分密不可分，故本章从茂县不同季节花椒叶挥发性风味物质入手进行深入的研究分析。关于花椒叶挥发性物质的研究主要有：于当年8月从陕西韩城所采大红袍花椒叶中鉴定出15种挥发性成分；分离出黔产刺异叶花椒叶挥发油成分67种，鉴定出成分37种；从甘肃陇南地区成县的刺异叶花椒叶挥发油中鉴定出35种化合物；于当年6月从安徽芜湖所采椿叶花椒叶挥发油中鉴定出33种成分；从海南（属气温较高地区）簕欓花椒叶的挥发油中分离出72种组分；于当年7月从贵州所采樗叶花椒叶中鉴定出52种化合物；花椒叶化学成分、生物活性及其资源开发研究进展的综述，并总结出花椒叶挥发油已确定成分有近200种，主要以烯烃类、醇类为主。总的来说，花椒叶的风味成分研究多采用水蒸气蒸馏、微波辅助萃取等方法提取，并用GC－MS联用等技术分析。同时采用电子鼻和气质联用分析茂县花椒叶整体风味特征的研究尚未有报道，且对花椒叶的研究报道多集中在生长期6—8月采摘样品，未对不同季间花椒叶风味成分进行比较。

　　本章以茂县花椒叶为研究对象，分别于4月（芽期）、7月（生长期）、10月（成熟期）三个季节采摘样品，通过电子鼻和固相微萃取－气相色谱质谱联用仪（SPME－GC－MS），结合化学计量学（PCA），分析花椒叶整体风味轮廓特点，对其不同季节挥发性风味成分进行研究，并探究季节对挥发性风味成分变化的影响。期待研究结果为花椒叶资源的进一步开发提供深入的理论研究基础，为我国花椒产业的发展做出贡献。

10.2 试验材料和仪器

10.2.1 试验材料

花椒叶：4月、7月、10月采摘于四川茂县。茂县地处川西北高原岷江上游，该地海拔 1800～2000 m，冬季较冷，夏季暖和，年均气温 11℃，年均日照 1549.4 h，年降水量 494.8 mm，属高原性季风气候。

10.2.2 试验仪器

FALLC4N 分析天平（常州市衡正电子仪器有限公司），FOX4000 电子鼻（法国 Alpha MOS 公司），PC－420D 专用磁力加热搅拌装置，75 μm CAR/PDMS 手动萃取头（美国 Supelco 公司），SQ680 气相色谱质谱联用仪（美国 PerkinElmer），FD－1－50 真空冷冻干燥机（北京博医康实验仪器有限公司），ZT－400 型高速多功能粉粹机（永康市展帆工商贸有限公司），DW－FW110 超低温冰箱（三洋）。其他实验室常用设备。

10.3 试验方法

10.3.1 不同季节花椒叶样品制备

将 4 月、7 月、10 月采摘的花椒叶经真空冷冻干燥 10 h，取出。样品用多功能粉粹机磨制成粉，过 100 目筛，密封备用。4 月、7 月、10 月花椒叶样品编号分别为 4、7、10。

10.3.2 电子鼻分析

电子鼻由 18 根金属氧化传感器组成，每根传感器对应一类或几类敏感性物质。准确称量 0.20 g 样品，置于 10 mL 顶空瓶内，对其进行密封、编号。分析条件：手动进样，顶空温 70℃，加热时间 10 min，载气流量 150 mL/s，进样量 2000 μL，进样速度 2000 μL/s。数据采集时间 2 min，时间延迟 3 min。

每个样品进行 5 次平行测试，取传感器后 3 次在第 2 min 时获得的稳定信号进行分析。

10.3.3　GC‐MS 条件

固相微萃取条件：将样品 0.20 g 置于 15 mL 顶空瓶中，加入搅拌子密封，磁力搅拌装置温度为 70℃，转速为 80 r/min，平衡时间 10 min，再将老化（250℃，10 min）的萃取头插入顶空瓶，吸附 80 min 后，在 250℃气相色谱进样口解吸 10 min。

色谱条件：色谱柱 Elite‐5MS（30 m×0.25 mm×0.25 μm），进样口温度 250℃；升温程序：起始温度 40℃下保持 2 min，以 2℃/min 速度升至 60℃，保留 1 min，接着以 6℃/min 速度升至 140℃，保留 1 min，然后以 20℃/min 速度升至 250℃，保留 2 min。载气氦气（99.9999%），流速 1 mL/min，分流比为 5∶1。

质谱条件：离子源 EI，电子能量 70 eV，离子源温度 230℃。全扫描模式，质量扫描范围 35～400 m/Z，扫描延迟 1.1 min。

10.3.4　定性定量分析

定性分析：主要通过检索 NIST 2011 谱库、计算其保留指数并与其文献进行比对，对挥发性成分进行定性，同时结合人工解析质谱图进行确定。

定量分析：采用峰面积归一化法进行简单定量，求得各挥发性成分的相对含量。

10.3.5　数据处理

采用 UnscramblerX 10.4 进行主成分（PCA）分析，作图由 Origin9.1 制作完成。

10.4　结果与分析

10.4.1　不同季节花椒叶风味电子鼻分析

（1）电子鼻传感器响应值分析

对 3 种花椒叶样品进行电子鼻分析，取传感器在 120 s 时的响应值作雷达图，结果见图 10‐1。如图 10‐1 可知，10 月与 4 月样品除在 LY2/gCT、

LY2/AA 传感器上响应值一致外，其余位置均差异较大，10月与7月样品则在多数传感器上的响应值均呈现明显差异，以上结果说明成熟期的花椒叶与芽期、生长期时在香味上有较大差异，其中从生长期到成熟期的过程中花椒叶香气变化最明显。比较4月与7月样品，其香气在T30/1、PA/2、P30/1、TA/2传感器上一致，在P10/1、P40/1、T70/2、P40/2、P30/2、T40/2、T40/1传感器上较为接近，说明从芽期到生长期期间香气变化较小。

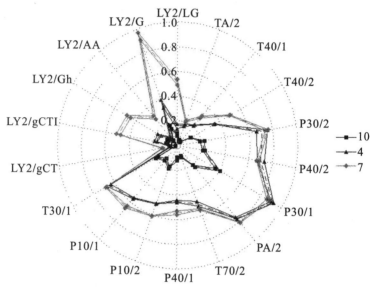

图10-1　电子鼻传感器响应值雷达图

（2）电子鼻 PCA 分析

图10-2为不同季节花椒叶风味电子鼻结果的主成分分析。研究认为两个主成分超过85%即可反映样品的主要特征信息，图中主成分1和2分别为88.068%和11.67%，贡献率99.738%，说明降维是有效的，能够反映样品的主要特征信息与总体风味轮廓。10月份样品和7月份样品分布在 X 轴的下方，且在第四象限和第三象限，说明10月和7月样品的差异主要来源于第一主成分，而第一主成分含有88.068%，故10月份和7月份样品差异大，与雷达图结果类似。4月份和7月份样品分布在 Y 轴左侧，且分别分布在第二和第三象限，说明4月份和7月份样品的差异主要来源于第二主成分，而第二主成分仅有11.67%，故4月份和7月份样品差异小，与雷达图结果类似。

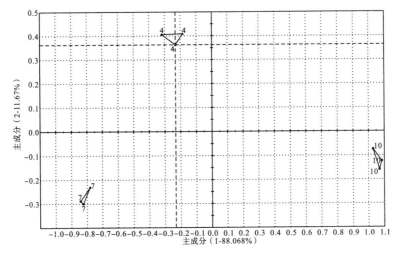

图 10-2　电子鼻主成分分析

10.4.2　不同季节花椒叶挥发性风味物质分析

表 10-1 和图 10-3 是不同季节花椒叶挥发性风味成分 GC-MS 检测结果。从数量上看，4 月、7 月、10 月样品共检测到 111 种挥发性物质，分为 8 类，包括烯烃类 51 种、醇类 18 种、酯类 14 种、醛类 8 种、酮类 5 种、烷烃 3 种、酸类 2 种和其他类 10 种，数量主要以烯烃类、醇类居多，与相关综述相符，属于 4 月、7 月、10 月共同鉴定出的挥发性成分有 27 种。4 月样品共鉴定出挥发性成分 74 种，占挥发油总量的 87.828%，含量最高的是烯烃类（41.632%）；7 月样品共鉴定出 62 种，占挥发油总量的 90.292%，含量最高的是酯类（42.418%）；10 月样品共鉴定出 56 种，占挥发油总量的 94.286%，含量最高的也是酯类（41.256%）。

表 10-1　不同季节花椒叶主要挥发性成分 GC-MS 鉴定结果

NO.	化合物	分子式	样品及相对含量(%)		
			4	7	10
烯烃类(51 种)					
1	β-侧柏烯 β-Thujene	$C_{10}H_{16}$	0.099		1.012
2	α-蒎烯 α-Pinene	$C_{10}H_{16}$		0.069	0.510
3	3,6,6-三甲基-双环(3.1.1)庚-2-烯 2-Norpinene, 3,6,6-trimethyl-	$C_{10}H_{16}$	0.207		

NO.	化合物	分子式	样品及相对含量(%)		
			4	7	10
4	3-异丙基-6-亚甲基-1-环己烯 β-Phellandrene	$C_{10}H_{16}$	0.242		
5	β-蒎烯 β-Pinene	$C_{10}H_{16}$	2.398		4.104
6	月桂烯 β-Myrcene	$C_{10}H_{16}$		3.077	
7	α-水芹烯 α-Phellandrene	$C_{10}H_{16}$			0.304
8	D-柠檬烯 D-Limonene	$C_{10}H_{16}$	4.447	4.154	
9	罗勒烯 (E)-β-Ocimene	$C_{10}H_{16}$	1.293		2.778
10	3-蒈烯 Car-3-ene	$C_{10}H_{16}$		2.202	
11	γ-松油烯 γ-Terpinene	$C_{10}H_{16}$	0.224	0.647	1.431
12	萜品油烯 Terpinolene	$C_{10}H_{16}$	0.195		
13	1,3,5,5-四甲基-1,3-环己二烯 1,3,5,5-TetraMethyl-1,3-cyclohexadiene	$C_{10}H_{16}$		0.210	0.128
14	β-律草烯 (4E,8E)-β-Humulene	$C_{15}H_{24}$	0.114		
15	异长叶烯 (-)-Alloisolongifolene	$C_{15}H_{24}$			0.125
16	佛术烯 Eremophilene	$C_{15}H_{24}$		0.638	
17	(-)-Alpha-荜澄茄油烯 (-)-α-Cubebene	$C_{15}H_{24}$	0.472		0.157
18	长叶烯 (+)-Longifolene	$C_{15}H_{24}$		0.104	
19	β-石竹烯 Caryophyllene	$C_{15}H_{24}$	3.350	3.936	3.742
20	反式-β-金合欢烯 Trans-β-farnesene	$C_{15}H_{24}$	1.411		0.346
21	α-律草烯 (1E,4E,8E)-α-Humulene	$C_{15}H_{24}$	4.013	4.392	2.362
22	(-)-罗汉柏烯 (-)-Thujopsene	$C_{15}H_{24}$		0.092	
23	1-甲基-4-(1-亚甲基-5-甲基-4-己烯基)环己烯 (S)-β-Bisabolene	$C_{15}H_{24}$	0.404	0.184	0.137
24	γ-杜松烯 (+)-γ-Cadinene	$C_{15}H_{24}$		2.036	0.589
25	α-二去氢菖蒲烯 α-Calacorene	$C_{15}H_{20}$	0.115	0.135	0.074
26	愈创木烯 β-Guaiene	$C_{15}H_{24}$	0.247	0.713	
27	α-愈创木烯 α-Guaiene	$C_{15}H_{24}$	0.452		
28	雪松烯 Cedrene	$C_{15}H_{24}$	0.135		

NO.	化合物	分子式	样品及相对含量（%）		
			4	7	10
29	3-侧柏烯 α-Thujene	C₁₀H₁₆		0.126	
30	4-蒈烯 δ-4-Carene	C₁₀H₁₆	0.115	0.477	0.374
31	2,6-二甲基-1,3,5,7-辛四烯 Cosmene	C₁₀H₁₄	0.082	0.104	0.080
32	5-亚乙基-1-甲基-环庚烯 5-Ethylidene-1-methylcycloheptene	C₁₀H₁₆		0.326	
33	(E)-beta-金合欢烯 Cis-β-farnesene	C₁₅H₂₄		0.701	
34	δ-杜松烯 δ-Cadinene	C₁₅H₂₄	4.019	2.589	0.928
35	γ-依兰油烯 γ-Muurolene	C₁₅H₂₄	5.517	1.074	0.734
36	荜澄茄烯 β-Cubebene				3.645
37	广藿香烯 Patchoulene	C₁₅H₂₄			1.079
38	反-菖蒲烯 Trans-calamenene	C₁₅H₂₂		0.631	0.436
39	β-松油烯 β-Terpinene	C₁₀H₁₆		0.164	2.902
40	桉烷-3,7（11）-二烯 Eudesma-3,7(11)-diene	C₁₅H₂₄	0.202	0.117	0.030
41	大根香叶烯 D （E）-germacrene D	C₁₅H₂₄	4.866		
42	β-倍半水芹烯 β-sesquiphellandrene	C₁₅H₂₄	1.189	1.614	0.488
43	香树烯 (-)-allo-Aromadendrene	C₁₅H₂₄	0.264		
44	4,9-依兰油二烯 (-)-4,9-Muuroladiene	C₁₅H₂₄		1.134	0.282
45	榄香烯 (-)-G-Elemene	C₁₅H₂₄	1.964	0.836	0.331
46	α-可巴烯 Alpha-copaene	C₁₅H₂₄	0.770	0.598	0.422
47	异松油烯 Isoterpinolene	C₁₀H₁₆			0.772
48	4,4,6,6-四甲基双环[3.1.0]六烷-2.烯 4,4,6,6-Tetramethylbicyclo[3.1.0]hex-2-ene	C₁₀H₁₆	0.174		
49	淫羊藿烯 (＋)-10-Epi-zonarene	C₁₅H₂₄		0.284	
50	(Z,E)-α-法呢烯 (Z,E)-Alpha-farnesene	C₁₅H₂₄	0.716	0.174	
51	(-)α-紫穗槐烯 α-Amorphene	C₁₅H₂₄	1.936		

NO.	化合物	分子式	样品及相对含量（%）		
			4	7	10
	小计		41.632	33.538	30.302
醇类（18 种）					
52	乙醇 Ethanol	C_2H_6O	0.731		
53	2-乙基己醇 2-Ethylhexan-1-ol	$C_8H_{18}O$	0.192		
54	二氢香芹醇 Dihydrocarveol	$C_{10}H_{18}O$			10.895
55	芳樟醇 Linalool	$C_{10}H_{18}O$	3.021	4.339	3.209
56	(-)-4-萜品醇 (-)-TERPINEN-4-OL	$C_{10}H_{18}O$	0.211	0.347	0.267
57	α-松油醇 α-Terpineol	$C_{10}H_{18}O$	0.897	0.624	0.139
58	(1R,5S)-rel-香芹醇 (-)-Cis-Carveol	$C_{10}H_{16}O$		0.167	
59	3,7-二甲基-6-辛烯-1-醇 2-Octen-1-ol, 3,7-dimethyl-	$C_{10}H_{20}O$	0.178		
60	异蒲勒醇 p-Menth-8-en-3-ol	$C_{10}H_{18}O$		0.237	
61	榄香醇 Elemol (6CI)	$C_{15}H_{26}O$		0.913	0.036
62	反式-橙花叔醇 Nerolidol	$C_{15}H_{26}O$	2.306	0.319	0.030
63	绿花白千层醇 （＋)-Viridiflorol	$C_{15}H_{26}O$	0.166		
64	红没药醇 Alpha-Bisabolol	$C_{15}H_{26}O$	0.409		
65	β-桉叶醇 β-Eudesmol	$C_{15}H_{26}O$	0.533		
66	T-杜松醇 T-Cadinol	$C_{15}H_{26}O$	0.533		0.023
67	8-雪松烯-13-醇 8-Cedren-13-ol	$C_{15}H_{24}O$		0.283	
68	四甲基环癸二烯甲醇 Hedycaryol	$C_{15}H_{14}O_3$	0.750		
69	顺-4-侧柏醇 cis-4-Thujanol	$C_{10}H_{18}O$		0.112	0.113
	小计		9.927	7.341	14.712
酯类（14 种）					
70	苯甲酸乙酯 Benzoic acid, ethyl ester	$C_9H_{10}O_2$	0.193		
71	2-氨基苯甲酸-3,7-二甲基-1,6-辛二烯-3-醇酯 1,6-Octadien-3-ol, 3,7-dimethyl-, 2-aminobenzoate	$C_{17}H_{23}NO_2$	8.446		

NO.	化合物	分子式	样品及相对含量(%)		
			4	7	10
72	乙酸芳樟酯 (R)-Linalyl acetate	$C_{12}H_{20}O_2$		23.433	27.829
73	癸酸甲酯 Decanoic acid, methyl ester	$C_{11}H_{22}O_2$	0.117		
74	(±)-α-乙酸松油酯 Terpinyl Acetate	$C_{12}H_{20}O_2$	3.555	16.946	9.659
75	乙酸橙花酯 Neryl acetate	$C_{12}H_{20}O_2$	0.229		0.967
76	乙酸香叶酯 Geranyl acetate	$C_{12}H_{20}O_2$	0.659		
77	5-甲基-2-(1-甲基乙烯基)-4-己烯-1-醇乙酸酯 Acetic acid lavandulyl ester	$C_{12}H_{20}O_2$		1.604	1.870
78	癸酸乙酯 Decanoic acid, ethyl ester	$C_{12}H_{24}O_2$	2.320		
79	二氢猕猴桃内酯 Dihydroactinidiolide	$C_{11}H_{16}O_2$		0.248	0.030
80	月桂酸乙酯 Ethyl laurate	$C_{14}H_{28}O_2$	0.404		
81	月桂酸异丙酯 Isopropyl laurate	$C_{15}H_{30}O_2$	0.228		
82	棕榈酸乙酯 Ethyl hexadecanoate	$C_{18}H_{36}O_2$	0.304		
83	4-松烯乙酸酯 4-Terpinenyl-acetate	$C_{12}H_{20}O_2$		0.187	0.901
	小计		16.455	42.418	41.256
醛类(8 种)					
84	2-甲基丁醛 2-Methylbutanal	$C_5H_{10}O$	0.176		
85	正己醛 Hexanal	$C_6H_{12}O$	0.134	0.115	
86	2-己烯醛 2-Hexenal	$C_6H_{10}O$	1.483	0.287	
87	苯甲醛 Benzaldehyde	C_7H_6O	0.398		0.090
88	反,反-2,4-庚二烯醛 2,4-Heptadienal, (E,E)-	$C_7H_{10}O$	0.366		
89	壬醛 Nonanal	$C_9H_{18}O$	0.222	0.651	0.141
90	(+)-香茅醛 (R)-(+)-Citronellal	$C_{10}H_{18}O$			0.193
91	正癸醛 Decanal	$C_{10}H_{20}O$	0.087	0.135	0.168
	小计		2.866	1.188	0.592
酮类(5 种)					
92	胡椒酮 p-Menth-1-en-3-one	$C_{10}H_{16}O$	0.184		
93	2-十一酮 Undecan-2-one	$C_{11}H_{22}O$	3.733	0.205	0.036

NO.	化合物	分子式	样品及相对含量（%）		
			4	7	10
94	香叶基丙酮 Geranyl acetone	$C_{13}H_{22}O$		0.259	
95	2-十三烷酮 2-Tridecanone	$C_{13}H_{26}O$	5.253	1.025	
96	5-甲基-2-异丙基-3-环己烯-1-酮 3-Cyclohexen-1-one, 2-isopropyl-5-methyl-	$C_{10}H_{16}O$		0.613	
	小计		9.170	2.102	0.036
	烷烃（3 种）				
97	十四烷 Tetradecane	$C_{14}H_{30}$		0.398	
98	正十六烷 Hexadecane		0.240	0.133	
99	1-乙烯基-1-甲基-4-丙-2-亚基-2- 丙-1-烯-2-基环己烷 o-Menth-8-ene, 4-isopropylidene-1-vinyl	$C_{15}H_{24}$	0.426	0.178	0.387
	小计		0.666	0.709	0.387
	酸类（2 种）				
100	乙酸 Acetic acid	$C_2H_4O_2$		0.469	0.738
101	正戊酸 Pentanoic acid	$C_5H_{10}O_2$	0.389		
	小计		0.389	0.469	0.738
	其他类别（10 种）				
102	2-乙基呋喃 Furan, 2-ethyl-	C_6H_8O	0.243		
103	4-异丙基甲苯 P-cymene	$C_{10}H_{14}$		0.146	
104	六氢-4,7-二甲基-1-(1-甲乙基)-萘 Naphthalene, 1,2,4a,5,6,8a-hexahydro- 4,7-dimethyl-1-(1-methylethyl)-, (1S,4aR,8aR)-	$C_{15}H_{24}$	1.402	0.589	
105	(1S,8aR)-1-异丙基-4,7-二甲基- 1,2,3,5,6,8a-六氢萘(＋)-δ-Cadinene	$C_{15}H_{24}$	0.302	0.171	0.067
106	茴香脑 Anethole	$C_{10}H_{12}O$	1.417	0.196	0.092
107	2-乙酸基-1,8-桉树脑 2-Acetoxy-1,8-cineole	$C_{10}H_{18}O_2$ $C_2H_4O_2$	0.249	0.524	0.440
108	桉叶油素 Eucalyptol	$C_{10}H_{18}O$	1.589		5.009
109	石竹素 (-)-Caryophyllene oxide	$C_{15}H_{24}O$	0.110	0.901	0.031

续表

NO.	化合物	分子式	样品及相对含量(%)		
			4	7	10
110	2,3-双乙酰氧基蒽醌 2,3-Diacetoxy-anthrachinon	$C_{18}H_{12}O_6$			0.624
111	硼烷二甲硫醚络合物 Borane-methyl sulfide complex	C_2H_9BS	1.411		
	小计		6.723	2.527	6.263
	总计		87.828	90.292	94.286

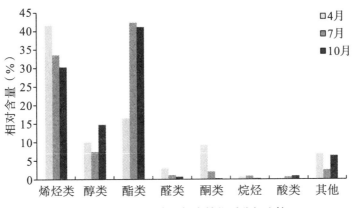

图 10-3 样品各类型挥发性物质分析比较

　　烯烃类化合物：3 个月样品共检出烯烃类化合物 51 种，分别占其色谱总流出组分的 41.632%、33.538%、30.302%，共同检出 12 种。烯烃类在数量上占绝对优势，表明各季节花椒叶中烯烃类物质数量最多，且多为 $C_{10}H_n$ 与 $C_{15}H_n$ 单萜和倍半萜类型的萜烯类化合物。烯烃类化合物多数含有多个不饱和键，化学性质不稳定，故应注意尽量在无氧、避光、低温、干燥等条件下储存花椒叶，以保证花椒叶的香气。另外，烯烃类化合物多具有辛香、木香、柑橘香、樟脑香、柠檬香、热带果香等香气，赋予花椒叶特有的香气。

　　醇类化合物：4 月、7 月、10 月共检测出醇类化合物 18 种，分别占色谱总流出组分的 9.927%、7.341%、14.712%，共检出 4 种（芳樟醇、(-)-4-萜品醇、α-松油醇、反式-橙花叔醇），其中芳樟醇含量较高，研究表明其具有花香、木香、青香等气息且能有效抑制人体白血病细胞 U937 和淋巴瘤细胞；橙花叔醇也是花椒主要香气成分之一，表明花椒叶也同样具有花椒的风味，具备开发潜力。

酯类化合物：样品共检出酯类化合物 14 种，3 个月所得结果分别占色谱总流出组分的 16.455%、42.418%、41.256%，相对含量较高，如2-氨基苯甲酸-3,7-二甲基-1,6-辛二烯-3-醇酯和乙酸芳樟酯，其中乙酸芳樟酯 7 月、10 月含量分别为 23.433%、27.829%。乙酸芳樟酯为无色液体，具有柑橘、花香、青香、蜡香、木香等香气，广泛用于配制香皂、香水、化妆品、食品等多种香精，同时有镇静、抗抑郁、助消化、祛风的重要功效。酯类物质是一类十分重要的呈香物质，且阈值低，尤其乙酸芳樟酯具有香气阈值较低且香气活力值高的特性，由此推测，茂县花椒叶的香味贡献主要为酯类物质。

其他类化合物中，醛类化合物所测得值均不高，但醛类化合物阈值很低，与烯烃类、酯类等共同作用，可能构成花椒叶独特的香味；其余类型化合物中，2-十一酮、2-十三烷酮在 4 月有较高含量，桉叶油素在 10 月有较高含量。

季节对花椒叶挥发性风味变化的影响：由表 10-1 和图 10-3 数据可知，不同季节样品检测到的挥发性成分总数随季节变化呈逐渐减少趋势，说明花椒叶从芽期到成熟期的生长过程中，风味物质的数量在逐渐减少，如 δ-杜松烯、橙花叔醇，可能是这类物质含多个不饱和键，化学性质不稳定，在植物生长过程中受季节变化（温度、光照等）影响，发生了氧化、转移等反应所致；与之相反，一些化合物含量随季节变化呈逐渐增加趋势，如乙酸芳樟酯在 4 月、7 月、10 月从无到有呈逐渐增加之趋势，推测可能是随着季节变化，植物自身生理代谢所致（乙酸芳樟酯由芳樟醇与乙酸合成，推测其为植物自身代谢中酯化反应所得）。总的来说，花椒叶挥发性风味物质的种类、结构和相对含量等受温度、光照、植物代谢等影响，随着季节变化明显。

10.5 本章小结

研究表明，不同季节花椒叶挥发性风味成分变化明显。通过对不同季节茂县花椒叶的电子鼻雷达图、PCA 分析表明：成熟期花椒叶与芽期和生长期在香味上有较大差异，芽期与生长期花椒叶香气变化相对较小。GC-MS 分析表明：3 个月共检测到 111 种代表性挥发性香味物质，3 个月共有化合物 27 种，分为烯烃类、醇类、酯类、醛类、酮类、烷烃、酸类及其他类别共 8 类，主要以烯烃类、醇类、酯类为主。不同季节花椒叶的挥发性成分各不相同，其数量随着花椒叶的成熟呈递减的趋势，结合感官评价，芽期最适宜直接食用。此外，实验测得在花椒生长期和成熟期所采花椒叶中，产生了大量的乙酸芳樟酯，可考虑其相应用途的开发利用。

参考文献

[1] 白冰，楚首道，杨靖，等. 香紫苏油主成分含量测定及其香气贡献评价 [J]. 轻工学报，2018，33（1）：7－12.

[2] 卞玉全，蒲永宏，许建. 胡萝卜繁种高产栽培技术 [J]. 四川农业科技，2007，37（10）：37－37.

[3] 杜文倩，史波林，欧克勤，等. 基于麻味物质构成特征的红花椒高效液相色谱指纹图谱建立研究 [J]. 食品安全质量检测学报，2016，7（3）：1138－1144.

[4] 樊经建. 花椒、花椒叶芳香油及椒籽油的成分分析 [J]. 中国油脂，1992，17（1）：32－34.

[5] 刘雄. 花椒风味物质的提取与分离技术的研究 [D]. 重庆：西南农业大学，2003.

[6] 李焱，黄筑艳. 微波萃取花椒叶挥发油的工艺研究 [J]. 贵州化工，2005，30（3）：17－18.

[7] 靳岳，刘福权，赵志峰，等. 基于 Half－tongue 检验测定花椒麻味强度的研究 [J]. 中国调味品，2016，41（6）：80－83.

[8] 孙宝国，陈海涛. 食用调香术 [M]. 3 版. 化学工业出版社，2016：75－285.

[9] 史劲松，顾龚平，吴素玲，等. 花椒资源与开发利用现状调查 [J]. 中国野生植物资源，2003，22（5）：6－8.

[10] 孙洁雯，高婷婷，杨克玉，等. 固相微萃取结合气－质联用分析麻椒挥发性成分 [J]. 化学研究与应用，2015，27（3）：284－291.

[11] 吴刚，秦民坚，张伟，等. 椿叶花椒叶挥发油化学成分的研究 [J]. 中国野生植物资源，2011，30（3）：60－63.

[12] 王琼，徐宝才，于海，等. 电子鼻和电子舌结合模糊数学感官评价优化培根烟熏工艺 [J]. 中国农业科学，2017，50（1）：161－170.

[13] 王振忠，武文洁. 花椒麻味素的研究概况 [J]. 食品与药品，2006，8（3）：26－29.

[14] 袁苏宁，杜卫军，刘丛，等. GC－MS 法测定不同来源薰衣草挥发油中芳樟醇和乙酸芳樟酯的含量 [J]. 新疆医科大学学报，2012，35（11）：1478－1482.

[15] 袁小钧，刘阳，姜元华，等. 花椒叶化学成分、生物活性及其资源开发研究进展 [J]. 中国调味品，2018，43（7）：182－187.

[16] 易宇文，刘阳，彭毅秦，等. 东坡肘子风味电子鼻分析与感官评价相关性探究 [J]. 食品与发酵工业，2018，44（01）：238－244.

[17] 易宇文，陈刚，郑亚伦，等. 基于电子鼻和气质联用分析干燥方式对郫县豆瓣风味的影响 [J]. 食品工业科技，2018，39（23）：261－266.

[18] 张大帅，钟琼芯，宋鑫明，等. 簕欓花椒叶挥发油的 GC－MS 分析及抗菌抗肿瘤活性研究 [J]. 中药材，2012，35（8）：1263－1267.

[19] 周地员. 浅谈茂县动物疫病防控工作 [J]. 草业与畜牧，2007，28（8）：38－40.

[20] 周江菊，任永权，雷启义. 樗叶花椒叶精油化学成分分析及其抗氧化活性测定 [J].
食品科学，2014，35 (6)：137—141.

[21] 周向军，高义霞，呼丽萍，等. 刺异叶花椒叶挥发性成分 GC—MS 分析研究 [J]. 资
源开发与市场，2009，25 (6)：490—491.

[22] Chiang L C，Chiang W，Chang M Y，et al. Antileukemic activity of selected natural
products in Taiwan [J]. American Journal of Chinese Medicine，2003，31 (1)：
37—46.

第11章　花椒芽炒鸡蛋挥发性风味物质研究

11.1　引言

花椒芽作为花椒的副产物，是花椒树发芽期幼嫩的芽叶，油亮鲜绿，麻香味美，是芽苗菜中的珍品，具有独特风味和丰富营养，旧时曾被列为宫廷贡品，被称为"一品椒蕊"。花椒芽营养成分丰富，研究表明其中含有大量的氨基酸，含量是蕨菜的 13.9 倍，且蛋白质、脂肪、纤维素、钙、磷、铁含量均显著高于香菇，此外，花椒芽还具有一定的抗氧化活性。我国花椒种植面积广阔，花椒芽资源丰富，具有广阔的开发前景。

本章将花椒芽与炒鸡蛋结合烹饪，研究原料的不同配比对花椒芽炒鸡蛋的感官影响，并与传统香椿芽炒鸡蛋进行可接受度对比。再利用 SPME－GC－MS 对花椒芽、花椒芽炒鸡蛋和炒鸡蛋中的挥发性化合物进行测定，分析花椒芽对花椒芽炒鸡蛋的风味贡献。研究旨在提高花椒副产物花椒芽的使用率，为其食用开发提供数据参考。

11.2　试验材料和仪器

11.2.1　试验材料

花椒芽于 2018 年 4 月底采自四川省茂县，鸡蛋、香椿芽、金龙鱼大豆油、盐购于当地某超市。

11.2.2　试验仪器

BT423S 型电子天平（德国赛多利斯公司），SQ8/Clarus 680 气相色谱－质谱联用仪（美国 PerkinElmer 公司），57318CAR/PDMS（75 μm）萃取头、

固相微萃取装置（美国 Supelco 公司）。

11.3 试验方法

11.3.1 炒鸡蛋工艺

（1）花椒芽炒鸡蛋

将花椒芽洗净，置于沸水中焯 30 s，过凉、沥干、切末。将鸡蛋磕入碗内，按一定比例加入花椒芽末，再加原料总重 0.5% 的盐和 10% 的水，搅拌均匀成糊。炒锅中按原料总重加入 7% 的油，烧至 250℃ 左右，将蛋糊倒入锅中，翻炒至鸡蛋嫩熟，装盘即可。

（2）炒鸡蛋

将鸡蛋磕入碗内，加入 0.5% 的盐和 10% 的水，搅拌均匀成蛋糊。炒锅中加入 7% 油，烧至 250℃ 左右，将蛋糊倒入锅中，翻炒至鸡蛋嫩熟，装盘即可。

（3）香椿芽炒鸡蛋

根据四川旅游学院国家级烹饪大师的做法，取 250 g 香椿芽洗净，沸水焯30 s，过凉、沥干、切末，加入 3 个鸡蛋，约 150 g，加盐适量，搅拌均匀。炒锅中加入 50 g 油烧热，将蛋糊倒入锅中，翻炒至鸡蛋嫩熟，装盘即可。

11.3.2 感官评价

采用定量描述性感官评价，评价人员由 10 名经验丰富的烹饪名师组成。感官评价小组成员依据 GB/T 16291.1—2012 和 GB/T 16291.2—2010 进行选拔、培训与维护。风味强度评价采用 100 分制，评价标准见表 11－1 和表 11－2，每个样品重复评价 3 次。

表 11－1　花椒芽炒鸡蛋感官评价标准（100 分）

项目	评价标准	感官评分（分）
色泽 （20 分）	色泽均匀，光泽度好，黄绿相间	15～20
	色泽较均匀，光泽度一般，表面颜色偏深	10～14
	色泽不均匀，无光泽，颜色过深或过浅	0～9
滋味 （30 分）	口感鲜美，麻味适中	20～30
	口感一般，麻味较淡或较浓	10～19
	口感较差，麻味过淡或过浓	0～9

续表

项目	评价标准	感官评分（分）
香气 （20分）	香气浓郁和谐，有花椒芽麻香和鸡蛋鲜香	15～20
	香气较淡不协调，花椒芽麻香较淡或较浓	10～14
	香气很淡不协调，花椒芽麻香过淡或过浓	0～9
质地 （30分）	外形完整，厚度适中，口感细腻	20～30
	外形较完整，厚度较适中，口感较细腻	10～19
	外形不完整，厚度不均一，口感较粗糙	0～9

表 11-2 可接受度评分标准

接受程度	完全接受	接受度较好	接受度一般	接受度较差	完全不接受
分数（分）	81～100	61～80	41～60	21～40	0～20

11.3.3 SPME-GC-MS 测试条件

（1）固相微萃取条件

取样品 2 g 置于 15 mL 顶空瓶中，温度 120℃，平衡 10 min，然后将老化（250℃，10 min）的萃取头插入样品。

（2）气相条件

进样口温度：250℃，色谱柱：Elite-5MS（30 m×0.25 mm×0.25 μm），升温程序：起始温度 40℃，保持 1 min，以 5℃/min 升至 170℃，保留 1 min，然后以 15℃/min 升至 250℃，保留 1 min。载气：氦气（99.9999%），流速 1 mL/min，分流比 10：1。

（3）质谱条件

EI 离子源，电子轰击能量为 70 eV，离子源温度为 230℃。全扫描，质量扫描范围 35～400 m/z，扫描延迟 1 min，标准调谐文件。将质谱检测到的数据与标准质谱库（NIST 2011）对照，正反匹配均大于 700，并比对相关文献进行挥发性物质的定性。

11.4 结果与分析

11.4.1 原料的不同比例对花椒芽炒鸡蛋感官的影响

原料的不同比例会影响花椒芽炒鸡蛋的风味，本试验从色泽、香气、滋味及质地4个方面全面评价了花椒芽与鸡蛋不同配比对花椒芽炒鸡蛋的影响，见表11-3。

表 11-3　花椒芽炒鸡蛋感官评分结果

项目	花椒芽：鸡蛋（m：m）				
	3：1	2：1	1：1	1：2	1：3
质地	15.14±3.084	18.62±1.043	19.21±0.281	21.33±1.28	23.06±1.625
香气	15.37±1.130	15.43±2.249	17.20±0.654	21.46±3.608	20.77±1.923
滋味	12.56±1.152	13.87±2.229	18.98±1.185	22.88±2.668	16.48±2.466
色泽	14.71±0.662	15.19±1.968	16.47±1.475	20.17±0.809	19.35±2.640
总分	57.78±1.655	63.11±3.703	71.86±2.087	85.84±2.785	79.66±3.506

由表11-3可知，从感官评价结果来看，花椒芽与鸡蛋的不同配比对花椒芽炒鸡蛋的色泽、香气、滋味及质地都有一定的影响，当花椒芽与鸡蛋质量比分别为3：1、2：1、1：1时，感官评分低，花椒芽香气过于浓郁，掩盖了鸡蛋本身的香味；当质量比为1：3时，花椒芽香气较淡，滋味不突出。而在比例为1：2时，炒制的花椒芽鸡蛋香气浓郁，无异味，光泽自然，金黄与深绿相间，滋味鲜嫩且有麻味，整体感官评价最高。

当花椒芽与鸡蛋质量比为1：2时，对花椒芽炒鸡蛋与传统的香椿芽炒鸡蛋进行感官可接受度对比。10位专家参照表11-2进行评定打分，结果表明：两者之间接受度存在差异，其平均分分别是72.40和78.90，方差分析表明两者之间的可接受程度并不存在显著差异（$P>0.05$），说明与较常见的香椿芽炒鸡蛋相比，花椒芽炒鸡蛋整体的可接受度并不存在显著差异，能被人们所接受。

11.4.2　挥发性风味物质分析

采用顶空SPME-GC-MS技术分析三组样品（A.花椒芽：新鲜花椒芽切成碎末。B.鸡蛋：不加花椒芽炒制的鸡蛋。C.花椒芽鸡蛋。）中的挥发性风味物质组成，总离子流图经标准谱库比对，所确认的样品挥发性组分及其峰面积相对百分含量见表11-4，不同样品挥发性物质数量的韦恩图11-1。由表11-4和图11-1可知，三个样品共检测到96种挥发性化合物，其中花椒芽51种、炒鸡蛋34种、花椒芽鸡蛋50种，分别占挥发性物质总含量的79.15%、78.04%和84.08%，其中花椒芽与花椒芽炒鸡蛋共有化合物23种。

表 11-4　各样品中挥发性组分及其相对含量

编号	化合物	相对含量(%) A	B	C
	酯类			
A1	2-甲基丁基乙酸酯	—	3.69±0.11	0.70±0.02
A2	氨基甲酸甲酯	—	1.63±0.05	0.20±0.01
A3	丙烯酸正戊酯	—	1.83±0.03	0.11±0.01
A4	丁酸异戊酯	0.18±0.02	—	—
A5	癸酸甲酯	0.17±0.01	—	—
A6	癸酸乙酯	0.23±0.02	—	—
A7	甲酸己酯	—	0.17±0.02	—
A8	乙酸芳樟酯	19.47±0.43	—	4.46±0.01
A9	乙酸丙酯	—	0.33±0.01	—
A10	乙酸乙酯	—	0.88±0.02	—
A11	乙酸异龙脑酯	—	—	0.01±0.01
A12	乙酸异戊酯	—	—	0.04±0.01
A13	乙酸仲丁酯	—	0.27±0.00	—
A14	异戊酸异戊酯	0.20±0.02	—	—
总计		20.25±1.02	8.81±0.34	5.52±0.22
	醇类			
B1	芳樟醇	10.57±0.33	—	6.14±0.32
B2	1-戊烯-3-醇	—	9.32±0.25	4.11±0.22

编号	化合物	相对含量(%) A	B	C
E5	(十)香橙烯	0.09±0.01	—	—
E6	(E)-β-罗勒烯	—	—	2.73±0.21
E7	1,3,5,5-四甲基-1,3	0.13±0.03	—	—
E8	1,4-环己二烯	—	1.33±0.06	—
E9	2-蒈烯	—	—	2.38±0.08
E10	3,6,6-三甲基双环	2.34±0.03	—	—
E11	3,7-二甲基-1,3,7-辛三烯	—	—	0.08±0.01
E12	3-蒈烯	—	—	0.13±0.01
E13	3-异丙基-6-亚甲基-1-环己烯	0.39±0.03	—	3.49±0.11
E14	d-柠檬烯	14.17±0.03	3.84±0.01	16.97±0.63
E15	A-二去氢菖蒲烯	0.10±0.02	—	—
E16	α-律草烯	—	—	0.04±0.00
E17	α-水芹烯	0.22±0.01	—	1.26±0.13
E18	β-蒎烯	0.40±0.01	—	0.55±0.01
E19	β-石竹烯	2.10±0.13	—	0.08±0.03
E20	γ-松油烯	2.07±0.03	—	0.81±0.02
E21	苯乙烯	0.11±0.01	—	—
E22	别罗勒烯	0.15±0.03	—	—
E23	庚烷	—	3.61±0.02	—

续表

编号	化合物	相对含量(%) A	B	C
B3	4-蒈烯醇	0.35±0.03	—	0.42±0.01
B4	α-松油醇	1.74±0.05	—	0.15±0.03
B5	苯乙醇	0.10±0.03	—	—
B6	反式-3-己烯-1-醇	—	—	1.33±0.02
B7	环丙基甲基甲醇	—	1.00±0.03	—
B8	环丁基甲醇	—	0.53±0.03	—
B9	甲硫醇	—	0.93±0.02	—
B10	三甲基环己基甲醇	0.09±0.03	—	—
B11	顺-2-己烯-1-醇	0.12±0.02	—	—
B12	顺-2-戊烯醇	0.16±0.01	—	—
B13	乙醇	1.50±0.06	—	—
B14	正己醇	0.12±0.03	—	—
B15	正戊醇	—	3.16±0.02	0.48±0.03
总计		14.74±1.13	14.93±1.06	12.63±1.13
醛类				
C1	(E,E)-2,4-己二烯醛	0.11±0.03	—	—
C2	2-己醛	1.42±0.02	—	—
C3	2-甲基丁醛	0.16±0.01	13.70±0.52	3.45±0.05

编号	化合物	相对含量(%) A	B	C
E24	环庚三烯	—	—	—
E25	罗勒烯	3.32±0.05	0.99±0.04	2.02±0.13
E26	十二烷	0.10±0.01	—	0.10±0.02
E27	去氢白菖烯	0.48±0.03	—	—
E28	松油烯	—	—	1.59±0.11
E29	萜品油烯	0.87±0.02	—	1.51±0.15
E30	愈创木烯	0.23±0.03	—	—
E31	月桂烯	6.68±0.34	—	17.66±0.02
总计		35.80±2.33	9.77±0.63	51.45±3.18
芳香类				
F1	1,2,4-三甲基苯	—	0.15±0.02	—
F2	1-甲基-4-(1-甲基乙烯基)苯	—	—	0.58±0.03
F3	2,4-二叔丁基酚	—	—	0.07±0.04
F4	4-乙烯基-1,2-二甲基苯	0.11±0.03	—	—
F5	对二甲苯	—	1.71±0.12	0.10±0.03
F6	间二甲苯	—	0.87±0.03	—
F7	邻-异丙基苯	0.39±0.02	0.67±0.03	2.37±0.11
F8	乙基苯	—	0.59±0.03	—

编号	化合物	相对含量（%）		
		A	B	C
C4	苯甲醛	0.30±0.03	0.83±0.04	—
C5	苯乙醛	1.37±0.02		—
C6	对甲基苯甲醛	—		0.48±0.03
C7	反,反-2,4-庚二烯醛	0.13±0.03		—
C8	庚醛	—	0.87±0.05	0.04±0.00
C9	甲缩醛	—	0.97±0.02	0.06±0.01
C10	壬醛	0.37±0.03	1.76±0.22	0.06±0.01
C11	香茅醛	0.12±0.03		0.10±0.03
C12	异丁醛	—	2.69±0.23	0.39±0.01
C13	异戊醛	0.11±0.02		0.31±0.03
C14	正己醛	0.31±0.03	12.34±0.32	3.46±0.23
C15	正戊醛	0.13±0.03		—
总计		4.54±0.43	33.16±1.17	8.29±0.26
烃类				
E1	(-)-莰烯			0.06±0.03
E2	(-)-异丁香烯	0.34±0.03		—
E3	(+)-3-蒈烯	1.39±0.32		—
E4	(+)-莰烯	0.15±0.02		—

编号	化合物	相对含量（%）		
		A	B	C
F9	苘香脑	1.24±0.03	—	0.13±0.02
总计		1.74±0.03	3.98±0.12	3.25±0.10
含氮类				
G1	2,5-二甲基吡嗪	—	2.76±0.03	0.73±0.02
G2	2-甲基吡嗪	—	0.56±0.02	—
G3	2-甲基嘧啶	—	—	0.04±0.03
G4	2-乙基-3-甲基吡嗪	—	1.15±0.02	—
G5	对甲基苯丙胺	—	—	0.33±0.02
G6	叔戊基胺	—	1.66±0.01	0.53±0.02
总计		0.00±0.00	6.13±0.43	1.63±0.04
其他类				
I1	桉叶油素	1.91±0.02	—	0.18±0.02
I2	苯甲酸	—	—	0.24±0.03
I3	甲基环戊烷	—	1.18±0.03	—
I4	戊烷油	—	—	0.43±0.07
I5	乙酸铵	0.17±0.03	—	0.47±0.11
I6	杂氮环丁烷	—	0.09±0.02	—
总计		2.08±0.02	1.26±0.02	1.31±0.04

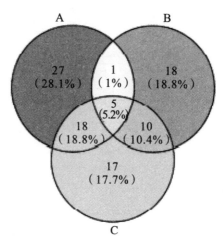

图 11-1　不同样品挥发性物质数量的韦恩图

　　由表 11-4 和图 11-1 可知，3 个样品共检测到 96 种挥发性化合物，其中花椒芽 51 种、炒鸡蛋 34 种、花椒芽炒鸡蛋 50 种，分别占挥发性物质总含量的 79.15%、78.04%、84.08%，其中花椒芽与花椒芽炒鸡蛋共有化合物 23 种。

　　样品中不同风味物质种类的比较见图 11-2，由图 11-2 和表 11-4 可知，在检测出的 7 类物质中，花椒芽中占比较大的是烃类（35.80%）、酯类（20.25%）和醇类（14.73%），炒鸡蛋中含量较多的是醛类（33.16%）和醇类（14.93%），而在花椒芽鸡蛋中比重较大的则是烃类（51.45%）和醇类（12.63%）。将每个样品中相对含量高于 1% 的挥发性物质进行聚类热图分析（图 11-3），热图可以颜色梯度来反映物质相对含量的大小，通过颜色梯度及相似程度来反映样品组成的相似性和差异性，由图 11-3 可知，不同样品的主要挥发性化合物存在差异，但花椒芽中相对含量高的化合物在花椒芽炒鸡蛋中也较高，如 d-柠檬烯、乙酸芳樟酯、芳樟醇和月桂烯；炒鸡蛋的主要挥发性化合物是 2-甲基丁醛、正己醛和 1-戊烯-3。

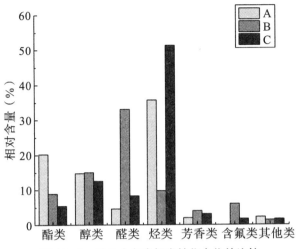

图 11-2　样品中各类挥发性化合物的比较

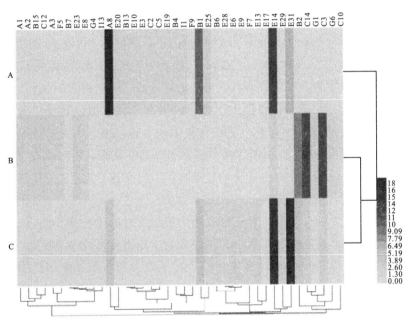

图 11-3　主要挥发性物质聚类分析热图

对烃类物质，样品共检出 31 种，其中花椒芽 21 种、炒鸡蛋 4 种、花椒芽鸡蛋 17 种。在花椒芽鸡蛋和花椒芽中均检测到的烃类物质有 10 种，包括 d-柠檬烯、月桂烯等；花椒芽鸡蛋和炒鸡蛋中均检测到的烃类物质仅 1 种，为 d-柠檬烯。烃类物质在花椒芽鸡蛋中占比最大（51.45%），其中 d-柠檬烯和月桂烯含量较高，二者也是花椒芽中的主要挥发性物质；但在炒鸡蛋中 d-柠檬烯含量较低，月桂烯则未检出。这说明这两种物质主要来源于花椒芽的贡献，一方面花椒芽本身具有独特的风味；另一方面可能是花椒芽中的风味化合物与鸡蛋在炒制过程中产生的小分子物质相互作用，放大了 d-柠檬烯和月桂烯的相对含量。d-柠檬烯和月桂烯具有令人舒适的柠檬香和柑橘香，还有消炎、抑菌等较强的药理活性，其中抗癌是 d-柠檬烯的主要药理活性之一，表明花椒芽炒鸡蛋不仅具有特殊的风味，还有一定的药理作用；此外，花椒芽中的部分烃类物质在花椒芽鸡蛋中并未检测到，如苯乙烯、（+)-莰烯等，可能是本身含量较低加之在高温烹饪中的挥发而损失。

对醇类物质，花椒芽鸡蛋中检出 6 种醇类物质，其中芳樟醇和 1-戊烯-3-醇含量较高；花椒芽中检出 9 种醇类物质，其中芳樟醇含量较高，未检出 1-戊烯-3-醇；炒鸡蛋中检出 5 种醇类物质，其中 1-戊烯-3-醇含量较高，未检出芳樟醇。研究表明芳樟醇具有浓青带甜的木青气息，对人体白血病细胞和淋巴癌细胞的生长具有明显抑制作用；1-戊烯-3-醇有蘑菇香，对炒鸡蛋风味的形成有一定的贡献。

对醛类物质，花椒芽中检出 11 种醛类物质，共占 4.54%；炒鸡蛋中检出 7 种醛类物质，共占 33.16%；花椒芽鸡蛋中检出 8 种醛类物质，共占 8.29%。这表明醛类物质在炒鸡蛋中含量相对较高。研究表明，在生鸡蛋中醛类相对较少，低分子量的醛有使人不愉快的气味，在炒熟的鸡蛋中分子量增加，气味使人愉悦。在炒鸡蛋和花椒芽鸡蛋中，正己醛、2-甲基丁醛含量较高。正己醛具有青草味，2-甲基丁醛具有水果味和油脂味，两者都是熟鸡蛋的重要风味物质，说明花椒芽鸡蛋中的醛类物质主要来源于鸡蛋。

对酯类物质，花椒芽中检出 5 种酯类物质，共占 20.25%；炒鸡蛋中检出 7 种酯类物质，共占 8.81%；花椒芽鸡蛋中检出 6 种酯类物质，共占 5.52%。可看出，酯类物质在花椒芽鸡蛋中的相对含量比花椒芽和炒鸡蛋都低，说明二者混合烹饪后，酯类物质相对含量减少。在花椒芽和花椒芽炒蛋的酯类物质中，乙酸芳樟酯含量突出，乙酸芳樟酯有类似薰衣草的优雅香气，同时有镇静、抗抑郁、助消化、驱风等重要功效。可能因高温烹饪过程的损失，故花椒芽鸡蛋比花椒芽中含量减少。

含氮类化合物其主要来源于鸡蛋的美拉德反应，氨基酸和硫胺素的降解。其阈值较低，具有类似于洋葱的香气，虽在花椒芽鸡蛋中相对含量不高，但对整体风味的形成具有重要的作用；芳香类物质在花椒芽鸡蛋中共检出 5 种，共占 3.25%，对整体风味具有一定贡献。

11.5　本章小结

对花椒芽炒鸡蛋的感官分析表明，当花椒芽与鸡蛋的质量比为 1∶2 时，炒制的花椒芽鸡蛋感官评分最高，且与传统的香椿芽炒鸡蛋相比，可接受度无显著差异。SPME-GC-MS 分析表明，花椒芽炒鸡蛋的挥发性化合物主要来源于花椒芽的贡献，两者的风味物质组成极为相似，主要香气物质相同，均是乙酸芳樟酯、d-柠檬烯、芳樟醇和月桂烯，由于原料比例和高温烹饪的关系，4 种物质在二者中的相对含量存在差异。炒鸡蛋的主要挥发性物质是 2-甲基醛、正己醛和 1-戊烯-3-醇，对花椒芽炒鸡蛋风味的形成有重要作用，但相对含量较低。研究表明花椒芽炒鸡蛋具有独特的风味和食用价值，扩展了 SPME-GC-MS 分析技术在食品烹饪中的应用。

参考文献

[1] 安代志，白淼，张灿，等. 顶空固相微萃取-气相色谱/质谱联用分析果汁中愈创木酚和 2,6-二溴苯酚 [J]. 分析试验室，2016，35 (4)：440-442.

[2] 邓振义，孙丙寅，康克功，等. 花椒嫩芽主要营养成分的分析 [J]. 西北林学院学报，2005，20 (1)：179-180.

[3] 郭苗苗，郑炜圣，王韵章，等. 柑橘皮挥发油的成分分析及抗菌活性的研究 [J]. 食品工业. 2013，34 (5)：149-151.

[4] 何莲，易宇文，彭毅秦，等. 基于电子鼻和气质联用分析不同生长期茂县花椒叶挥发性风味物质 [J]. 南方农业学报，2019，50 (3)：641-648.

[5] 黄巧娟，孙志高，龙勇，等. D-柠檬烯抗癌机制的研究进展 [J]. 食品科学，2015，36 (7)：240-244.

[6] 李萌，章慧莺，张宁，等. HS-SPME 结合 GC-MS 分析煎鸡蛋的挥发性风味成分 [J]. 精细化工，2014，31 (2)：218-224

[7] 李云飞，杜丽平，王若宇，等. 顶空固相微萃取-气相色谱-质谱法测定茶叶中香叶醇 [J]. 分析试验室，2015，34 (3)：307-310.

[8] 钱敏，刘坚真，白卫东，等. 食品风味成分仪器分析技术研究进展 [J]. 食品与机械，2009，25 (4)：177-181.

[9] 伍俊梅，易宇文，彭毅秦，等. 茂县花椒叶化学成分及抗氧化活性研究 [J]. 中国食品添加剂，2018，(8)：61-69.

[10] 卫强，刘洁. GC-MS 测定红花酢浆花与叶中的挥发油成分 [J]. 分析试验室，2016，35 (6)：676-680.

[11] 王瑞花，姜万舟，汪倩，等. 红烧猪肉工艺优化及其挥发性风味成分的分离与鉴定

[J]. 中国食品学报，2017，17 (5)：208−216.

[12] 袁苏宁，杜卫军，刘丛，等. GC−MS法测定不同来源薰衣草挥发油中芳樟醇和乙酸
芳樟酯的含量 [J]. 新疆医科大学学报，2012，35 (11)：1478−1482.

[13] 袁小钧，刘阳，姜元华，等. 花椒叶化学成分、生物活性及其资源开发研究进展
[J]. 中国调味品，2018，43 (7)：182−192.

[14] 易宇文，胡金祥，杨进军，等. 基于电子鼻和气质联用分析郫县豆瓣对鱼香调味汁风
味贡献 [J]. 食品与发酵工业，2019，45 (7)：276−283.

[15] 张大帅，钟琼芯，宋鑫明，等. 簕欓花椒叶挥发油的GC−MS分析及抗菌抗肿瘤活性
研究 [J]. 中药材，2012，35 (8)：1263−1267.

[16] 张蕾旻. 不同类型鸡蛋挥发性成分的比较分析 [D]. 武汉：华中农业大学，2012.

[17] 赵志峰. 汉源花椒风味物质研究及花椒油生产工艺优化 [D]. 成都：四川大
学，2005.

[18] Islam A，Sayeed A，Bhuiyan M S，et al. Antimicrobial activity and cytotoxicity of
Zanthoxylum budrunga [J]. Fitoterapia，2001，72 (4)：428−430.

[19] Li Z M，Chen J B，Zhou H P，et al. Studies on the identification and biological
characteristic of chinese prickly ash [J]. Journal of yunnan agricultural university，
2006，21 (5)：591−595.

[20] Tang J，Zhu W，Tu Z B. Studies on the chemical constituents of shellfish pricklyash
(Zanthoxylum dissitum) [J]. Chinese traditional & herbal drugs，1995，(11)：563−
565，615.

[21] Wang L，Wang Z M，Li X Y，et al. Analysis of volatile compounds in the pericarp of
Zanthoxylum bungeanum Maxim. by ultrasonic nebulization extraction coupled with
headspace single drop microextraction and GC−MS. [J]. Chromatographia，2010，71
(5−6)：455−459.

第12章　花椒叶在椒盐曲奇饼干中的应用研究

12.1　引言

花椒叶作为花椒的第一大副产物，也具备多种价值，其可以提取香精、做调料、食用或制作椒茶；此外，花椒叶在民间素有杀虫、洗脚气作用等。虽然花椒叶在市场上的应用研究很少，但是我国花椒的种植面积却日益增长，为增加花椒产业的效益，迫切需要对副产物花椒叶利用进行深入的研究。花椒叶直接运用在食品行业中未开先河，花椒叶饼干更是没有，因此，如何利用花椒叶的椒麻味，赋予曲奇饼干独特的风味，将是食品行业的创新。本章将四川汉源花椒叶运用在椒盐曲奇饼干中，既能够开发出一种以花椒叶为原料的新式椒盐曲奇饼干，也能将四川特有的椒麻味推广。

12.2　试验材料和仪器

12.2.1　试验材料

低筋面粉、无糖黄油、食盐，市售；糖粉，成都甜精晶食品有限公司；花椒叶，汉源花椒种植基地采摘。

12.2.2　试验仪器

EK328 电子秤（广东香山衡器集团股份有限公司），HM740 搅拌机（hauswirt 海氏青岛汉尚电器有限公司），HO−60SF 烤箱（hauswirt 海氏青岛汉尚电器有限公司），TMS−Touch 质构仪（北京盈盛恒泰科技有限责任公司），旭曼 800Y 粉碎机、DC−P3 色差计（北京市兴光测色仪器公司）。

12.3 试验方法

12.3.1 制备花椒叶粉工艺流程

新鲜花椒叶→洗净→晾干→冷冻风干 5 min→过筛→装袋。

12.3.2 花椒叶曲奇工艺流程

黄油+糖粉+盐混匀,打发→加入水乳化混匀均匀→加入面粉或已混合好的面粉和花椒叶→慢速拌粉,面团调制→成型→烘烤→冷却→成品。

12.3.3 原料配比单因素试验

为研究原料配方中各个因素对花椒叶椒盐曲奇饼干品质的影响,以花椒叶椒盐曲奇感官评价值为指标,对花椒叶添加量、黄油添加量、食盐添加量、以及曲奇最终工艺的面团搅拌时间,烘烤时间,上火温度,下火温度,分别进行单因素试验,各单因素水平表见表12-1、表12-2。花椒叶椒盐曲奇配方中,低筋面粉添加量100 g为基准,其他原料的添加量为其与低筋粉的百分比,在探讨单因素中某一因素时,其他因素水平分别为花椒叶添加量1.5%、黄油添加量60%、糖粉添加量20%、食盐添加量2.5%,花椒叶粒度50目,搅拌时间6 min,烘烤时间15 min,上火温度180℃,下火温度160℃。

表12-1 花椒叶椒盐曲奇制作配方单因素试验水平

水平	花椒叶添加量（%）	黄油添加量（%）	食盐添加量（%）
1	0.5	40	2.1
2	1	50	2.3
3	1.5	60	2.5
4	2	70	2.7
5	2.5	80	2.9

表12-2 花椒叶椒盐曲奇制作工艺的试验水平

水平	搅拌时间（min）	烘烤时间（min）	上火温度（℃）	下火温度（℃）
1	2	11	160	140

水平	搅拌时间（min）	烘烤时间（min）	上火温度（℃）	下火温度（℃）
2	4	13	170	150
3	6	15	180	160
4	8	17	190	170
5	10	19	200	180

12.3.4　花椒叶椒盐曲奇感官评价

感官评定由 10 名食品感官评价人员组成评审小组，对产品的形态（25 分）、色泽（25 分）、口感（30 分）和组织结构（20 分）进行综合评分，结果取平均值。花椒叶椒盐曲奇饼干品质评分标准见表 12－3。

表 12－3　花椒叶椒盐曲奇饼干品质评分标准（100 分）

项目	评分标准	感官评分（分）
形态 （25 分）	外形完整，同一造型大小均匀，无起泡，无变形，凹底很少	21～25
	外形较完整，同一造型大小较均匀，稍有起泡，变形较少，凹底较少	16～20
	外形不完整，同一造型大小不均匀，起泡变形严重，凹底较严重	10～15
色泽 （25 分）	呈金黄色或棕黄色且均匀，饼体边缘可有较深的颜色，但无过焦、过白现象	21～25
	呈金黄色或棕黄色较均匀，饼体边缘可有较深的颜色，少许过焦、过白现象	16～20
	呈金黄色或棕黄色但不匀，饼体边缘可有较深的颜色，有过焦、过白现象	10～15
口感 （30 分）	有明显的椒盐味，无异味无焦味，口感很酥松，不黏牙	26～30
	有微微椒盐味，无异味无焦味，口感酥松，稍有黏牙	21～25
	无椒盐味，口感有点异味，有点焦味口感坚硬，黏牙	16～20
组织结构 （20 分）	断面结构呈细密多孔状，无较大孔洞	21～25
	断面结构呈分散多孔状，孔洞大小不一	16～20
	断面结构无孔洞	10～15

12.3.5　花椒叶添加量对色差的影响

以花椒叶添加量为单因素进行色差分析，花椒叶添加量为 0%、0.5%、1.0%、1.5%、2.0%、2.5%、3.0%，共 7 组进行色差比较。其他添加量：低筋面粉 100%，黄油 70%，食盐 2.7%，糖粉 20%，水 15%。

12.3.6　正交试验

在单因素试验基础上，从中选取几个对花椒叶曲奇感官品质影响较大的因素进行正交试验，并以花椒叶椒盐曲奇感官评分值为考察指标，对最终结果进行极差分析，确定最优花椒叶曲奇配方。

12.3.7　质构分析方法

将正交试验结果的不同品种的曲奇饼干用 TPA 型质构仪进行测定，采用探头 P/10 R。测定条件：测定速度，1 mm/s；测定前速度，2 mm/s；测定后速度，2 mm/s；压缩百分比 50%；2 次压缩之间停留时间 5 s。每个样品测定 5 次，最后取平均值。从硬度、黏着性、咀嚼性、感官弹性、胶粘性对加入正交试验的曲奇饼干进行质构分析。

12.4　结果与分析

12.4.1　原料配方单因素试验结果

（1）花椒叶添加量对曲奇饼干感官影响

将原料添加量作为单因素进行试验，如图 12-1，随着花椒叶添加量的上升，感官评分呈先上升后下降趋势，总体算平稳。花椒叶添加量在 1.5% 时，感官评分最高（83.5 分）。在 1%、1.5%、2% 时，感官评分差异不大。花椒叶添加量在 0.5% 时，花椒叶的椒麻味不明显，与花椒叶空白实验差别不大，不能体现椒盐曲奇饼干的特色。花椒叶添加量 2.5% 时，椒麻味明显，但颜色过于暗淡，两者评分较低。

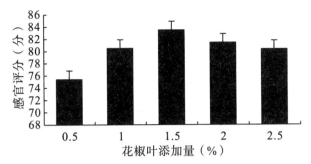

图 12-1 花椒叶添加量对曲奇饼干感官影响

（2）黄油添加量对曲奇饼干感官影响

如图 12-2 所示，随着黄油添加量的上升，感官评分呈先上升后下降趋势，在添加量在 70％时，感官评分值最高 83.6 分。在添加量在 80％时，评分下降，曲奇饼干过于油腻。黄油添加量在 40％时，饼干较硬，不酥脆，不能很好展示椒盐曲奇的特色。黄油添加量在 50％、60％、70％时，感官评分差异不大。

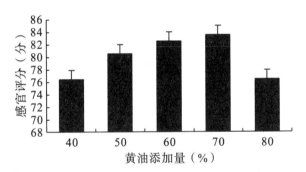

图 12-2 黄油添加量对曲奇饼干感官影响

（3）食盐添加量对曲奇饼干感官影响

随着食盐添加量的上升，如图 12-3 所示，感官评分呈先上升后下降趋势，在食盐添加量在 2.7％时，感官评分达到最高值。食盐添加量在 2.9％时，咸味太重，不符合休闲零食的特色。食盐添加量含量在 2.3％时，盐味不明显，不能体现椒盐味曲奇饼干的椒麻味特点。食盐添加量在 2.3％、2.5％、2.7％时，感官评分差异不大，趋于稳定。

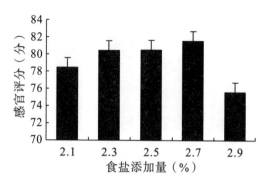

图 12-3　食盐添加量对曲奇饼干感官影响

（4）花椒叶添加量对色差的影响

a^*、b^*、L^*代表物体颜色的色度值。如图 12-4 所示，随着花椒叶添加量的增加，花椒叶对饼干色差红绿色值（a^*）有显著影响，但黄蓝色值（b^*）和明暗度值（L^*）都趋于稳定，无显著影响。随花椒叶添加量过多，饼干呈深绿色，影响食欲。添加量过少，跟市面上大多曲奇颜色一致，不够独特。选择花椒叶添加量（1.5%～2%）制作椒盐曲奇，颜色独具特色。

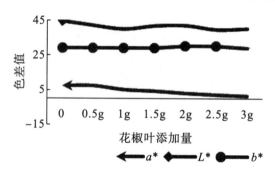

图 12-4　花椒叶添加量对色差的影响

12.4.2　工艺优化单因素试验结果

（1）搅拌时间对花椒叶曲奇饼干的影响

随着搅拌时间的增加，感官评分呈先上升后下降的趋势，总体平稳。如图 12-5，搅拌时间为 8 min 的曲奇饼干感官评分最高，其值为 82.6 分；搅拌时间为 4 min、6 min、8 min 的曲奇饼干的感官评分差值不大。而搅拌时间为 2 min 的曲奇饼干，由于搅拌不充分会使黄油、花椒叶等未与面粉充分混合，导致口感不佳；搅拌时间为 10 min 的曲奇饼干由于搅拌时间过长，导致面筋蛋白的形成，烘烤出来的饼干不酥脆可口，最后得到的感官评分也会较低一些。

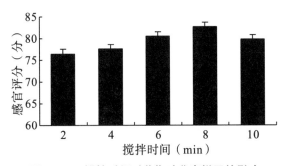

图 12－5　搅拌时间对花椒叶曲奇饼干的影响

（2）烘烤时间对花椒叶曲奇饼干的影响

随着烘烤时间的增加，感官评分呈先上升后下降的趋势。如图 12－6 所示，烘烤时间为 13 min 的曲奇饼干的感官评分最高，其值为 83.4 分。烘烤时间为 13 min、15 min、17 min 的曲奇饼干的感官评分差值相对于烘烤时间为 11 min、19 min 的感官评分差值不大，较稳定。烘烤时间为 11 min 的曲奇饼干由于烘烤时间不足，会使曲奇饼干冷却后发软，不够酥脆，导致感官评分较低。烘烤时间为 19 min 的曲奇饼干，由于烘烤时间过长，会将曲奇饼干烤糊，导致颜色及口感都不佳。

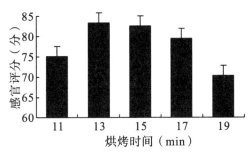

图 12－6　烘烤时间对花椒叶曲奇饼干的影响

（3）上火温度对花椒叶曲奇饼干的影响

随着上火温度的升高，感官评分呈先上升后下降的趋势，总体呈上升趋势。如图 12－7 所示，上火温度为 180℃的曲奇饼干感官评分最高，其值为 85.1 分。上火温度为 170℃、180℃、190℃的曲奇饼干感官评分差值不大，较稳定。上火温度为 150℃、160℃的曲奇饼干由于温度较低导致烘烤出来的饼干发软，且上表面颜色发白，不酥脆，影响了感官，得到的感官评分都不太高。最后选择上火温度为 170℃、180℃、190℃的曲奇饼干进行正交试验。

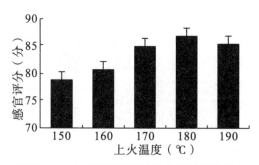

图 12-7　上火温度对花椒叶曲奇饼干的影响

（4）下火温度对花椒叶曲奇饼干的影响

随着下火温度的升高，感官评分呈先上升后下降的趋势。如图 12-8 所示下火温度为 150℃的曲奇饼干感官评分最高，其值为 86.5 分。下火温度为 150℃、160℃、170℃的曲奇饼干感官分值比较稳定，相差不大。下火温度为 140℃的曲奇饼干由于温度不够，导致饼干下表面颜色发白发软，不酥脆，影响感官性能。下火温度为 180℃的曲奇饼干由于下火温度过高，导致饼干烤糊，吃到嘴里会发苦，对感官不友好，导致感官评分较低。

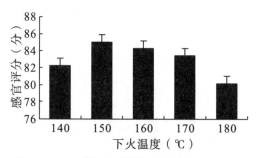

图 12-8　下火温度对花椒叶曲奇饼干的影响

12.4.3　正交试验结果

（1）原料配方正交试验结果

单因素试验初步确定各种原料的用量，选取工艺为搅拌时间 6 min，烘烤时间 15 min，上火温度 180℃，下火温度 160℃进行。选取产品配方：糖粉添加量 20%、低筋面粉、黄油用量、食盐用量、花椒叶在此基础上采用 3 因素 3 水平按 $L_9(3^3)$ 表布置试验，见表 12-4，对原料配方进行筛选，以确定花椒叶椒盐曲奇饼干的最佳原料配方。

表 12－4　原料配方正交试验因素水平表

水平	A（黄油（%））	B（盐（%））	C（花椒叶（%））
1	50	2.3	1
2	60	2.5	1.5
3	70	2.7	2

　　表 12－5 列出了花椒叶椒盐曲奇配方正交试验极差分析结果，结果表明，所考察的 4 个因素对花椒叶椒盐曲奇感官评分值影响大小顺序为：黄油添加量＞食盐添加量＞花椒叶添加量。极差分析得花椒叶椒盐曲奇配方所探讨各因素水平理论最优组合为 $A_3B_3C_2$，即花椒叶椒盐添加量 1.5%，黄油添加量 70%，食盐添加量为 2.7%，与实际 9 个处理评分相符合，没有差异。因此，确定花椒叶椒盐曲奇最优配方为低筋粉 100%、花椒叶椒盐 1.5%、黄油 70%、食盐 2.7%，其中花椒叶粉碎后过 50 目筛。最优配方下制作的花椒叶椒盐曲奇与普通曲奇相比，其硬度较大，酥脆性更好，颜色偏深，综合感官评分较高，比较符合消费者对于粗粮休闲食品的需求。

表 12－5　花椒叶曲奇配方正交试验结果

试验号	A（黄油（%））	B（盐（%））	C（花椒叶（%））	综合评分（分）
1	1	1	1	50.8
2	1	2	2	52.2
3	1	3	3	55.0
4	2	1	2	61.2
5	2	2	3	61.3
6	2	3	1	61.1
7	3	1	3	65.8
8	3	2	1	66.5
9	3	3	2	70.9
K1	158.0	177.8	178.4	
K2	183.6	180.0	184.3	
K3	203.2	187.0	182.1	
k1	52.7	59.3	59.5	
k2	61.2	60.0	61.4	

试验号	A（黄油（%））	B（盐（%））	C（花椒叶（%））	综合评分（分）
k3	67.7	62.3	60.7	
R	15.1	3.1	2.0	

（2）工艺优化正交试验结果

单因素试验初步确定各种原料的用量，选取产品配方：低筋面粉 100 g，糖粉添加量 20 g、黄油用量 70 g、食盐用量 2.7 g、花椒叶 1.5 g，在此基础上采用 4 因素 3 水平按 $L_9(4^3)$ 表布置试验，见表 12-6，对原料配方进行筛选，以确定花椒叶椒盐曲奇饼干的工艺的最佳原料配方。

表 12-6　加工工艺正交试验因素水平表

水平	A（黄油（%））	B（盐（%））	C（花椒叶（%））
1	50	2.3	1
2	60	2.5	1.5
3	70	2.7	2

（3）工艺优化正交试验结果分析

表 12-7 通过极差 R 的大小可以判定各因素对试验指标影响的主次顺序。本试验通过比较表中极差 R 值大小后可见，花椒叶曲奇饼干感官品质的影响因素依次是 A＞C＞D＞B，即搅拌时间影响最大，其次是上火温度，然后是下火温度，烘烤时间影响最小。在最佳配方基础上，通过正交试验确定了最佳工艺为 $A_3B_3C_2D_1$，将本组合与正交表感官分值组合 $A_3B_3C_2D_1$ 进行排序实验后发现，本优化结果较好，因此，当搅拌时间为 8 min，烘烤时间为 15 min，上火温度为 180℃，下火温度为 150℃时所制作的花椒叶曲奇饼干品质最佳。

表 12-7　花椒叶曲奇加工工艺正交试验结果

试验号	A（搅拌时间）	B（烘烤时间）	C（上火温度）	D（下火温度）	感官得分（分）
1	1	1	1	1	60.8
2	1	2	2	2	65.4
3	1	3	3	3	58.3
4	2	1	2	3	66.5
5	2	2	3	1	64.5

试验号	A（搅拌时间）	B（烘烤时间）	C（上火温度）	D（下火温度）	感官得分（分）
6	2	3	1	2	63.8
7	3	1	3	2	64.8
8	3	2	1	3	65.8
9	3	3	2	1	70.9
K1	184.5	192.1	190.4	196.2	
K2	194.8	195.7	202.8	194.0	
K3	201.5	193.0	187.6	190.6	
k1	61.5	64.0	63.5	65.4	
k2	64.9	65.2	67.6	64.7	
k3	67.2	64.3	62.5	63.5	
R	5.7	1.2	5.1	1.9	

12.4.4　质构试验结果

硬度是第一次压缩时的最大峰值，即食物达到变形时的力，是评价曲奇饼干口感的一个重要指标。原料配方 9 组正交试验，硬度呈下降趋势，如图 12-9，第一组硬度最大 60 N，第九组硬度最小 23 N，即第九组第一次压缩食物达到变形的力最小。与市面上皇冠丹麦曲奇饼干（硬度 25～35 N）对比，第九组最符合曲奇的特色，与感官最终结果一致。

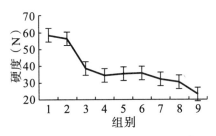

图 12-9　硬度对曲奇饼干的影响

弹性是椒盐曲奇经过第一次压缩以后能够再恢复的程度，如图 12-10 所示，9 组正交试验，弹性呈下滑趋势，第一组弹性最大（0.7 mm 左右），第九组弹性最小（0.30～0.35 mm）。与市面上皇冠丹麦曲奇饼干（弹性 0.1～0.3 mm）对比，第九组最符合曲奇的特色，与感官最终结果一致。

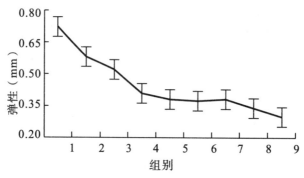

图 12-10　弹性对曲奇饼干的影响

　　咀嚼性是食物从固体状态到可吞咽过程中人咀嚼所用的功。如图 12-11 所示，咀嚼性能反映出椒盐曲奇饼干对人咀嚼的抵抗性，咀嚼性越大则曲奇饼干越难被嚼碎，椒盐曲奇饼干特有的酥松口感也会降低，随着正交设计试验，咀嚼性呈下滑趋势，在 4~6 组，呈平稳上升趋势，在 0.2~0.3 mJ 之间稳定；在 7~9 组呈下降趋势，在 0.1~0.2 mJ 之间稳定。验证正交试验第九组酥脆性好，与感官最终结果一致。

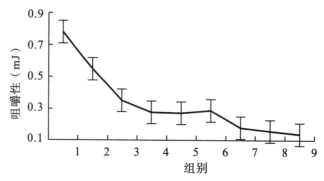

图 12-11　咀嚼性对曲奇饼干的影响

　　胶黏性是该值模拟表示在探头与样品接触时用以克服两样品表面间吸引力所用力，如图 12-12 所示，在感官上指椒盐曲奇的表面对其他材料（如舌头、牙齿、盘子、手指、筷子等）的表面黏附能力。胶黏能力越小，表示花椒叶曲奇酥脆性越大，入口化渣。7 组~9 组胶黏性趋于稳定，表示 3 种曲奇酥脆性最小。验证正交试验第九组酥脆性好，与感官最终结果一致。

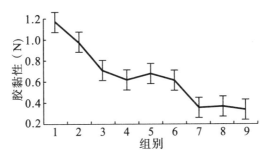

图 12-12　胶黏性对曲奇饼干的影响

12.5　本章小结

　　以汉源花椒副产品花椒叶作为原料，先后采用单因素试验和正交试验，最终确定花椒叶椒盐曲奇饼干配方为：低筋面粉 100%，黄油 70%，食盐 2.7%，花椒叶粉 1.5%，糖粉 20%，水 15%。工艺优化结果为搅拌时间 8 min，烘烤时间 13 mim，上火温度 180℃，下火温度 150℃。花椒叶椒盐曲奇与其他市面上众多曲奇相比，味道上有着独特的椒麻味，色泽上偏棕黄，符合大众口味。与之前曲奇饼干相比，花椒叶曲奇的椒麻味更好地体现四川风味的特色，椒麻味也能更好地解决曲奇饼干的油腻味。加入花椒叶的曲奇，因为花椒叶本身的抑菌作用和抗氧化作用，所以花椒叶椒盐曲奇更利于贮藏。

参考文献

[1] 邓振义，孙丙寅，康克功，等. 花椒嫩芽主要营养成分的分析 [J]. 西北林学院学报，2005，20（1）：179-180.

[2] 范菁华，等. 超声波辅助提取花椒叶总黄酮及其体外抗氧化性研究 [J]. 中国食品学报，2010，10（6）：22-28.

[3] 胡亚云. 质构仪在食品研究中的应用现状 [J]. 食品研究与开发，2013，34（11）：101-104.

[4] 纪宗亚. 质构仪及其在食品品质检测方面的应用 [J]. 食品工程，2011，（3）：22-25.

[5] 李素芬. 甘薯渣对曲奇饼干品质的影响 [J]. 食品科技，2015，（6）：190-193.

[6] 梅新，施建斌，蔡沙，等. 葛渣曲奇饼干的研制 [J]. 粮油食品科技，2015，23（5）：27-31.

[7] 马文惠，王晓玲，王凤成，等. 浅析酥性饼干与曲奇饼干的区别 [J]. 粮食与食品工业，2012，19（3）：27-30.

[8] 巫建国，谭群. 花椒叶沐浴液的研制 [J]. 精细石油化工进展，2012，13（8）：36-38.

[9] 杨立琛，李荣，姜子涛. 花椒叶黄酮的微波提取及其抗氧化性研究 [J]. 中国调味品，2012，37 (9)：36—41.

[10] 王小平，雷激，孙曼兮. 麸皮酥性饼干制备的工艺优化 [J]. 食品工业科技，2015，36 (22)：277—281.

[11] 王颖周，仰振中，潘阳，等. 玉米曲奇饼干配方优化及其质构研究 [J]. 包装与食品机械，2013，31 (3)：22—24，6.

[12] 辛松林，陈祖明，陈应富. 椒麻味型标准化制作工艺研究 [J]. 四川烹饪高等专科学校学报，2011，(4)：20—21，31.

[13] 朱念琳. 我国饼干产业的发展趋势 [J]. 农产品加工 (创新版). 2012，(8)：30—31.

[14] 郑绍达. 国内饼干行业概况及发展趋势 [J]. 农产品加工 (学刊)，2013，(6)：56—59.

第13章 花椒酒的研制及品质特征分析研究

13.1 引言

花椒是传统的调味料和中药，为我国传统"八大调味品"之一，具有悠久的食用和药用历史，具有抗肿瘤、抗氧化、局部麻醉、抑菌、杀虫、抗炎镇痛、保肝等功效。

现花椒产品的研究主要集中于复合调味品、花椒精油等方面，如以金阳青花椒为主要原料，研制出一种具有麻辣风味的复合花椒调味酱，研究结果表明，产品的最佳配方为青花椒 14.7%、胡椒粉 2.0%、食盐 4.0%、芝麻粉 8.7%、姜和蒜 2.0%、味精 1.3%、香油 6.7%、水 60.7%，并以 0.4% 维生素 C 进行护色，以 1.5% 羧甲基纤维素钠为稳定剂。以感官评价、柠檬烯、芳樟醇及花椒酰胺含量为考察指标，采用植物油浸提法制备花椒调味油，实验结果表明，料液比 0.5∶1、浸提温度 210℃、浸提时间 65 s 为最佳工艺条件。为提高花椒精油的稳定性，使其更好地运用于食品加工中，以羟丙基-β-环糊精和大豆分离蛋白为壁材，采用冷冻干燥法制备花椒精油微胶囊，实验结果表明制备花椒精油微胶囊的最佳工艺条件：花椒精油浓度为 1.8%，壁芯比为 7，加水量与壁材比为 16，均质时间为 50 s。

用花椒制酒有利于赋予白酒更多的保健功效、发挥花椒的药理作用。以柠檬烯和芳樟醇含量结合感官评分，研究了花椒酒的固态发酵工艺，结果表明红花椒适于花椒酒酿制，最佳酿造工艺条件为花椒用量 0.4%、花椒粉碎度 60 目、酿造时间 9 d。但花椒药用价值在白酒中的应用未得到完全开发，花椒与白酒相结合的泡制工艺没有得到深入研究，白酒浓度对花椒酒感官品质的影响没有得到探讨，且民间花椒酒的泡制工艺并不成熟，花椒酒存在风味不协调、麻味过于突出等缺陷。

本章将花椒和白酒相结合，选取不同浓度的白酒，设置花椒与白酒泡制比例和泡制时间梯度，利用单因素和正交试验，结合感官鉴评、色差分析、热量分析和挥发性成分分析等方法，对花椒酒的泡制工艺进行探索，丰富花椒利用形式，更大地发挥花椒药用价值和保健功效，增加其经济效益。

13.2 试验材料和仪器

13.2.1 试验材料

花椒，四川汉源大红袍花椒；白酒，北京红星股份有限公司生产。

13.2.2 试验仪器

YP-N 型电子天平（上海精密仪器仪表有限公司），CA-HM 食品热量成分检测仪（日本 JWP 公司），C-P3 新型全自动测色色差仪（浙江光年知新仪器有限公司），SQ680 气相色谱-质谱联用仪（美国珀金埃尔默仪器有限公司）。

13.3 试验方法

13.3.1 工艺流程

原料筛选→称量花椒→量取白酒→泡制→成品。

13.3.2 单因素试验

设定花椒酒制泡的基础配方：白酒浓度 42% vol、花椒与白酒的泡制比例 1∶250、泡制时间 20d，固定其中两个因素，依次探讨：白酒浓度（35% vol、42% vol、52% vol、60% vol、65% vol）、花椒与白酒泡制比例（1∶150 w/v、1∶200 w/v、1∶250 w/v、1∶300 w/v、1∶350 w/v）、泡制时间（5 d、10 d、15 d、20 d、25 d、30 d、35 d）对花椒酒感官品质的影响。

13.3.3 正交试验

根据单因素试验感官评分结果，分别选出 3 个评分最高的白酒浓度、花椒与白酒泡制比例和泡制时间，进行 3 因素 3 水平正交试验，以感官评分和理化分析结果为考察指标，确定最佳的工艺参数，试验因素水平见表 13-1。

表 13－1　正交试验因素水平表

因素	代码	水平		
		1	2	3
白酒浓度（％vol）	A	42	52	60
泡制比例（w/v）	B	1：300	1：250	1：200
泡制时间（d）	C	15	20	25

13.3.4　感官评价

由 10 名食品感官评价人员组成评审小组，对产品的色泽（15 分）、澄清度（15 分）、香气（30 分）和滋味（40 分）进行综合评分，结果取平均值。感官鉴评评分标准见表 13－2。

表 13－2　花椒酒感官鉴评评分标准（100 分）

项目	评分标准	感官评分
色泽 （15 分）	呈金黄色，均匀透亮有光泽	11～15
	颜色较浅或颜色较深，光泽较好	6～10
	颜色过浅或颜色过深，光泽较差	1～5
澄清度 （15 分）	澄清透明，晶莹剔透	11～15
	澄清，无明显悬浮物	6～10
	略透明，悬浮物明显	1～5
香气 （30 分）	具有纯正的酒香、适宜的花椒气味，整体气味协调无异香	21～30
	酒香一般，花椒气味较浓或较弱，整体气味有偏向	11～20
	酒香不良，无花椒典型气味，存在异香	1～10
滋味 （40 分）	味道纯正、协调、醇和，辛辣味适宜，具有适宜的花椒麻味	31～40
	味道较纯正、协调、醇和，花椒麻味不足或较突出，辛辣味在可接受范围内	16～30
	味道不纯正、不协调、不醇和，花椒麻味太突出，并带有刺激辛辣味	1～15

13.3.5 色差测定

使用色差分析仪测定样品的色泽。L^*：表示亮度，正、负分别表示明、暗度，a^*：表示红绿色度，正、负分别表示红、绿色，b^*：表示黄蓝色度，正、负分别表示黄、蓝色。每组样品重复测试 3 次，结果取平均值。

13.3.6 热量成分分析

采用食品热量成分检测仪，测量花椒酒的能量以及其中含有的碳水化合物、蛋白质、脂肪等的含量。每组样品重复测试 3 次，结果取平均值。

13.3.7 GC－MS分析

固相微萃取条件：取 2.00 g 样品置于 15 mL 加有搅拌纸的顶空瓶中，密封，磁力搅拌装置转速 75 r/min，温度 100 ℃，平衡 10 min，将老化（250 ℃，10 min）的萃取头插入样品瓶萃取 60 min，插入 GC－MS 进样口，解吸 10 min。

色谱条件：进样口温度 250℃，色谱柱 Elite MS（30 m×0.25 mm×0.25 μm）；载气采用氦气（99.999%），流 1 mL/min，分流比 5：1。升温程序：温度 40℃，保持 1 min，以 3℃/min 升至 60℃，保持 1 min，以 6℃/min 升至 140℃，保持 1 min，以 20℃/min 升至 250℃，保持 2 min。

质谱条件：EI 离子源，电子轰击能量 70 eV，离子源温度 230℃，全扫描，质量扫描范围 35~400 m/z；扫描延迟 1.1 min；标准调谐文件。

13.3.8 数据处理

试验数据处理采用 SPSS Statistics 26.0，数据分析及作图采用 Origin 2018。

13.4 结果与分析

13.4.1 单因素试验

（1）白酒浓度对花椒酒感官影响

白酒浓度对花椒酒感官得分的影响如图 13－1 所示。随着白酒浓度增加，其对花椒酒感官总分的影响呈先上升后下降变化趋势，白酒浓度为 42% vol

时，感官总分最高。白酒浓度 42％ vol 和 52％ vol 时的感官总分与白酒浓度
35％ vol 和 65％ vol 时的感官总分之间差异显著，白酒浓度 52％ vol 时的感官
总分与白酒浓度 60％ vol 时的感官总分差异不显著。白酒浓度过低，花椒酒
椒麻味较重，白酒浓度过高，花椒酒辛辣味过于突出，当白酒浓度适宜时，其
辛辣味可与花椒的椒麻味很好的中和，使花椒酒的风味达到最佳。因此，选取
白酒浓度 42％ vol、52％ vol 和 60％ vol 为最优水平。

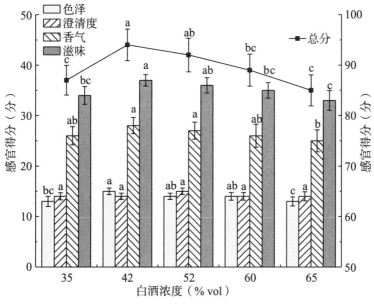

图 13-1　白酒浓度对花椒酒感官影响

注：相同图案柱状图上标注不同字母表示其数据在 $P<0.05$ 水平差异显著，下同。

（2）花椒与白酒泡制比例对花椒酒感官影响

花椒与白酒泡制比例对花椒酒感官得分的影响如图 13-2 所示。随着泡制
比例的增加，花椒酒的感官总分呈现先上升后下降的变化趋势，泡制比例 1：
250 时感官总分最高。感官总分上升阶段各泡制比例的感官总分之间均差异显
著；感官总分下降阶段，泡制比例 1：250 时与泡制比例 1：350 时的感官总分
之间差异显著，与泡制比例 1：300 时的感官总分之间差异不显著。花椒具有
一定的风味且可以赋予花椒酒一定的色泽，直接影响花椒酒的色泽、香气和滋
味，花椒与白酒的泡制比例过低和过高时，花椒酒的色泽、香气和滋味的感官
得分均较低。泡制比例较低时，花椒酒的色泽较浅且椒麻风味较淡，白酒的辛
辣味较突出；泡制比例过高时，花椒酒的色泽较深，花椒的椒麻味过于突出，
导致花椒酒的风味不佳。因此，选取花椒与白酒泡制比例 1：300、1：250 和

1：200作为最优水平。

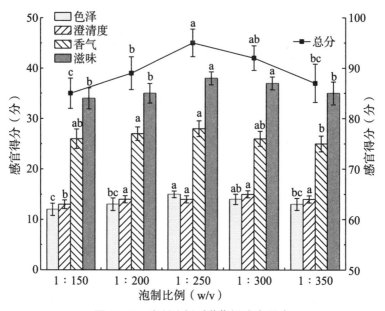

图13-2　泡制比例对花椒酒感官影响

（3）泡制时间对花椒酒感官影响

花椒酒泡制时间对花椒酒感官得分的影响如图13-3所示。泡制时间小于20 d时，随着泡制时间增加，感官总分呈现上升趋势；泡制时间20 d时，感官总分最高；泡制时间大于20 d时，随着泡制时间增加，感官总分呈现下降趋势。感官总分上升阶段，泡制5 d和10 d与泡制15 d和20 d的感官总分之间差异显著；感官总分下降阶段，泡制20 d和25 d与泡制30 d和35 d的感官总分之间差异显著。泡制时间过短，花椒酒中的有色物质和风味物质溶出较少，导致花椒酒色泽较浅，椒麻风味较淡，白酒的辛辣味较突出；泡制时间过长，花椒酒的色泽较深，椒麻味过于突出，导致花椒酒的风味不佳。因此，选取泡制时间15 d、20 d和25 d作为最优水平。

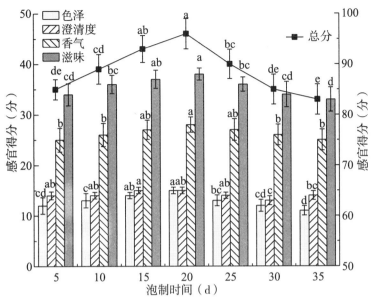

图 13-3　泡制时间对花椒酒感官影响

13.4.2　正交试验结果分析

由表 13-3 可知，各因素对花椒酒感官影响的主次顺序为白酒浓度（A）＞泡制比例（B）＞泡制时间（C），最优组合为 $A_1B_2C_3$，即白酒浓度 42% vol、泡制比例 1∶250、泡制时间 25 d 的感官得分最高，但最优组合并不在正交试验组内，故需要进行验证试验。对最佳组合进行 3 次平行试验，观察其色泽金黄、质地透亮，具有纯正的酒香和适宜的花椒香气，且味道纯正协调、辛辣味适宜，感官总分结果为 96.30±1.55，高于最优的正交试验因素组合，故确定 $A_1B_2C_3$ 为花椒酒的最优感官组合。

表 13-3　花椒酒的正交试验结果

序号	因素			感官总分（分）
	A	B	C	
1	1	1	1	92
2	1	2	2	94
3	1	3	3	92
4	2	1	2	87
5	2	2	3	90

序号	因素			感官总分（分）
	A	B	C	
6	2	3	1	84
7	3	1	3	88
8	3	2	1	89
9	3	3	2	85
K_1	92.67	89.00	88.33	
K_2	87.00	91.00	88.67	
K_3	87.33	87.00	90.00	
R	5.67	4	1.67	
较优水平	A_1	B_2	C_3	
最优组合	$A_1B_2C_3$			

13.4.3 品质特征分析

（1）理化特征结果分析

对最优感官得分组的花椒酒进行理化测定，结果见表13-4。色差特征中 L（亮度）为41.54，a^*（红绿度）为 -0.07，b^*（黄蓝度）为2.17，说明花椒酒亮度偏暗，总体色泽为浅黄色，色泽分布均匀、杂色较少。热量检测数据显示每100 g花椒酒中蛋白质含量为0.30 g、脂肪含量为0.00 g、碳水化合物含量为3.93 g，说明花椒酒中三大营养素的含量较低，但100 g花椒酒的能量为293.67 kcal，说明花椒酒的能量较高。

表13-4　感官最优组花椒酒理化指标

特性	项目	数值
色差	L	41.54±0.29
	a^*	-0.07±0.11
	b^*	2.17±0.42

特性	项目	数值
营养标签	能量（kcal/100 g）	293.67±0.47
	蛋白质（g/100 g）	0.30±0.00
	脂肪（g/100 g）	0.00±0.00
	碳水化合物（g/100 g）	3.93±0.05

（2）挥发性物质分析

由表 13-5 可知，最优感官得分组的花椒酒共检测出 61 种挥发性物质，包括烯烃类 22 种、酯类 18 种、醇类 6 种、酮醚类 4 种、苯及其衍生物 5 种和其他 6 种，其中酯类（36.936%）和烯烃类（11.136%）的相对含量较高。且酯类中相对含量较高的乙酸乙酯（13.650%）具有果香、己酸乙酯（7.931%）具有曲香和菠萝香，烯烃类中相对含量较高的 β-月桂烯（2.317%）具有香脂样香气，因此酯类和烯烃类化合物在花椒酒风味形成中可能具有重要的地位。有研究表明花椒挥发油中主要含有柠檬烯、桉树脑、水芹烯、β-月桂烯、α-蒎烯、桧萜、松油烯、桧烯、罗勒烯、侧柏烯、丁香烯、4-萜品醇、芳樟醇乙酸酯、芳樟醇、松油醇、沉香醇、胡椒酮和薄荷酮等，在花椒酒气相色谱-质谱法（GC-MS）检测结果中也含有柠檬烯、β-月桂烯、α-蒎烯、松油烯、罗勒烯、丁香烯、松油醇等物质，因此花椒酒可以保留部分花椒中的风味物质，具有花椒特征风味。

表 13-5　花椒酒挥发性成分 GC-MS 检测结果

种类	序号	化合物	保留时间（min）	CAS 号	相对含量（%）
烯烃类（22 种）	1	d-柠檬烯	1.308	5989-27-5	1.342
	2	水芹烯	6.140	99-83-2	0.035
	3	2-蒎烯	6.332	80-56-8	0.666
	4	3-甲基-4-亚甲基双环[3.2.1]辛-2-烯	6.915	49826-53-1	0.012
	5	β-月桂烯	7.636	123-35-3	2.317
	6	萜品油烯	8.383	586-62-9	0.020
	7	3-异丙基-6-亚甲基-1-环己烯	8.770	555-10-2	2.553
	8	3-蒈烯	8.975	13466-78-9	0.012

种类	序号	化合物	保留时间 (min)	CAS 号	相对含量 (%)
烯烃类 (22 种)	9	罗勒烯	9.066	13877-91-3	0.323
	10	γ-松油烯	9.437	99-85-4	0.653
	11	(＋)-3-蒈烯	10.500	498-15-7	0.024
	12	别罗勒烯	10.792	7216-56-0	0.077
	13	1,3,5,5-四甲基-1,3-环己二烯	10.901	4724-89-4	0.005
	14	(Z)-沙宾烯水合物	11.155	15537-55-0	0.012
	15	1-吡咯烷基-1-环戊烯	11.772	7148-07-4	0.004
	16	(1S,3R)-顺式-4-蒈烯	11.893	5208-49-1	0.010
	17	(R)-异卡维孕烯	13.031	1461-27-4	0.005
	18	反式-5-甲基-3-(甲基乙烯基)-环己烯	13.481	56816-08-1	0.004
	19	d,l-反式-4-甲基-5-甲氧基-1- (1-甲氧基-1-异丙基)环己-3-烯	15.111	124547-59-7	3.036
	20	反式-丁香烯	17.037	87-44-5	0.008
	21	α-喜氨酸	17.354	3853-83-6	0.005
	22	Δ-杜松烯	17.629	483-76-1	0.013
		相对含量总计			11.136
酯类 (18 种)	23	乙酸乙酯	2.726	141-78-6	13.650
	24	丁酸乙酯	3.864	105-54-4	1.304
	25	L-乳酸乙酯	4.293	687-47-8	0.553
	26	戊酸乙酯	5.681	539-82-2	0.141
	27	硫代氨基甲酸 O-异丙酯	6.031	691-61-2	0.014
	28	2-乙基丁酸烯丙酯	6.698	7493-69-8	0.015
	29	异丁酸芳樟酯	6.715	78-35-3	0.013
	30	丁酸异丁酯	6.811	539-90-2	0.023
	31	环己烷丙酸乙酯	7.019	10094-36-7	0.007
	32	己酸乙酯	7.849	123-66-0	7.931
	33	庚酸乙酯	10.388	106-30-9	0.027
	34	4-萜品甘乙酸酯	11.342	4821-04-9	0.059

续表

种类	序号	化合物	保留时间（min）	CAS 号	相对含量（%）
酯类（18种）	35	辛酸乙酯	11.472	106-32-1	0.028
	36	花生四烯酸乙酯	12.406	1808-26-0	0.003
	37	N-甲氧基氨基甲酸乙酯	15.253	3871-28-1	3.794
	38	丁酸芳樟酯	15.345	78-36-4	1.979
	39	硝酸甲酯	15.390	598-58-3	7.389
	40	二十碳五烯酸甲酯	17.116	2734-47-6	0.006
	相对含量总计				36.936
醇类（6种）	41	甲硫醇	2.267	74-93-1	0.591
	42	反式辛烷-4,5-二醇	2.292	22520-40-7	0.274
	43	乙醇	7.153	64-17-5	0.252
	44	1-甲基-4-(1-甲基乙基)-2-环己烯-1-醇	9.771	29803-82-5	0.034
	45	α-松油醇	12.243	98-55-5	0.009
	46	顺-3,4-二羟基呋喃	16.324	22554-74-1	0.010
	相对含量总计				1.170
酮醚类（4种）	47	甲基乙基硫醚	2.213	624-89-5	0.434
	48	二甲醚	2.684	115-10-6	1.840
	49	6-甲基-1,4-氧杂环噻吩-2-酮	5.264	7670-39-5	0.047
	50	5-异丙基-8-甲基壬-6,8-二烯-2-酮	11.976	54868-48-3	0.004
	相对含量总计				2.325
苯及其衍生物（5种）	51	1-甲基-2-异丙基苯	0.562	527-84-4	0.083
	52	4-异丙基甲苯	8.570	99-87-6	1.414
	53	4-乙烯基-1,2-二甲基苯	10.292	27831-13-6	0.007
	54	3-辛基十一烷基苯	11.568	5637-96-7	0.017
	55	(-)-α-荜澄茄油烯	17.500	17699-14-8	0.006
	相对含量总计				1.527

续表

种类	序号	化合物	保留时间(min)	CAS 号	相对含量(%)
其他(6种)	56	N-甲氧基甲磺酰胺	2.167	80653-53-8	2.119
	57	O-甲基羟胺	2.246	67-62-9	0.389
	58	4-羟基苯甲酸	4.902	99-96-7	0.094
	59	丙基环丙烷	5.144	2415-72-7	0.040
	60	4-甲基-四氢-2H-噻喃喃	5.844	5161-17-1	0.065
	61	L-天冬氨酸	18.809	56-84-8	0.930
相对含量总计					3.637

13.5 本章小结

试验通过选取白酒浓度、花椒与白酒泡制比例和泡制时间为影响变量，通过单因素试验和正交试验，以感官得分为评价值，研究花椒酒的泡制工艺，并对最优组合进行理化分析。结果表明，各单因素影响主次顺序：白酒浓度（A）>泡制比例（B）>泡制时间（C）。在其他因素不变条件下，白酒浓度42% vol、泡制比例1∶250、泡制时间25 d的花椒酒风味最佳，感官得分为96.30±1.55分。最优组合花椒酒亮度偏暗，为浅黄色，不含有脂肪，蛋白质和碳水化合物的含量较低，但能量较高。花椒酒中挥发性物质主要为酯类和烯烃类，其中乙酸乙酯和己酸乙酯含量较高且具有一定风味，为花椒酒风味的主要贡献物质。将花椒酒与花椒的挥发性成分进行对比可知，花椒酒保留了花椒中的部分挥发性物质，如柠檬烯、β-月桂烯、α-蒎烯、松油烯、罗勒烯、丁香烯、松油醇等，因此花椒酒具有花椒的特征风味。试验结果对花椒酒的工业化生产提供理论依据和指导作用，对丰富花椒的利用形式，开发新型花椒制品具有积极意义。

参考文献

[1] 董思杨，袁永俊，张琪，等. 花椒酒固态发酵工艺研究 [J]. 食品工业科技，2016，37（22）：240—243.

[2] 国家药典委员会. 中华人民共和国药典 [M]. 北京：中国医药科技出版社，2020.

[3] 郭向阳. 6 种食用芳香植物挥发性成分的 GC—MS/GC—O 分析 [J]. 农业工程学报，

2019，35 (18)：299－307.

[4] 韩春然，毕海鑫，王鑫. 发酵蓝靛果果汁酵母菌的筛选及香气成分分析 [J]. 食品研究与开发，2022，43 (7)：199－206.

[5] 阚建全，陈科伟，任廷远，等. 花椒麻味物质的生理作用研究进展 [J]. 食品科学技术学报，2018，36 (1)：11－17.

[6] 李春丽，孟宪华，尚贤毅，等. 花椒化学成分及其抗氧化活性 [J]. 中草药，2021，52 (10) 2869－2875.

[7] 林洪斌，张凤芳，曹东，等. 花椒调味油制备及工艺优化 [J]. 中国调味品，2015，40 (8)：90－93.

[8] 乔明锋，郝婉婷，蔡雪梅，等. 一种芫根咀嚼片配方优化及特性 [J]. 食品工业，2021，42 (11)：70－75.

[9] 史碧波，罗晓妙. 青花椒酱的生产工艺研究 [J]. 西昌学院学报（自然科学版），2010，24 (3)：36－39.

[10] 韦琳，宗伟，曾庆鸿，等. 花椒抗炎镇痛网络药理学分析及实验验证研究 [J]. 中国中药杂志，2021，46 (12)：3034－3042.

[11] 吴素蕊，阚建全，刘春芬. 花椒的活性成分与应用研究 [J]. 中国食品添加剂，2004 (2)：75－78.

[12] 王悦秋，梁大伟. 花椒的成分研究及检测技术进展 [J]. 山东化工，2018，47 (20)：46－48.

[13] 谢辉，邵建明，王冠蕾. 花椒总生物碱抑菌作用 [J]. 承德石油高等专科学校学报，2013，15 (1)：24－26.

[14] 席少阳，郭延秀，马晓辉，等. 花椒化学成分及药理作用的研究进展 [J]. 华西药学杂志，2021，36 (6)：717－722.

[15] 叶洵，刘子博，张婷，等. 基于 GC－MS 结合保留指数法建立花椒挥发油指纹图谱 [J]. 中国调味品，2022，47 (4)：68－73.

[16] 闫晓雪，伍时华，吴军，等. 糯米酒的液态发酵工艺优化 [J]. 中国酿造，2022，41 (3)：168－173.

[17] 叶欣儿，朱春梅，何嘉钰，等. 几种香辛料抑菌防腐作用的研究 [J]. 现代食品，2022，28 (1)：225－228.

[18] 周孟焦，史芳芳，陈凯，等. 花椒药用价值研究进展 [J]. 农产品加工，2020，(1)：65－67.

[19] 张倩，孟凡冰，熊杨洋，等. 响应面法优化花椒精油微胶囊的制备 [J]. 中国调味品，2021，46 (11)：69－76.

[20] 张涛，吕双，贾红梅，等. 花椒果皮中糖苷类化学成分研究 [J]. 中国药学杂志，2021，56 (8)：626－632.

[21] Alam F, Ashraf M. Phenolic contents, elemental analysis, antioxidant and lipoxygenase

inhibitory activities of *Zanthoxylum armatum* DC fruit, leaves and bark extracts [J]. Pakistan journal of pharmaceutical sciences, 2019, 32 (4): 1703－1708.

[22] Bader M, Stark T D, Dawid C, et al. All－trans－configuration in*Zanthoxylum* alkylamides swaps the tingling with a numbing sensation and diminishes salivation [J]. Journal of Agricultural and Food Chemistry, 2014, 62 (12): 2479－2488.

[23] Hong L, Jing W, Qing W, et al. Inhibitory effect of *Zanthoxylum bungeanum* essential oil (ZBEO) on *Escherichia coli* and intestinal dysfunction [J]. Food & function, 2017, 8 (4): 1569－1576.

[24] Park S M, Kim J K, Kim E O, et al. Hepatoprotective effect of *Pericarpium zanthoxyli* extract is mediated via antagonism of oxidative stress [J]. Evidence－based complementary and alternative medicine, 2020 (4): 1－15.

[25] Simanullang R H, Situmorang P C, Herlina M, et al. Histological changes of cervical tumours following *Zanthoxylum acanthopodium* DC treatment, and its impact on cytokine expression [J]. Saudi journal of biological sciences, 2022, 29 (4): 2706－2718.

[26] Syari D M, Rosidah R, Hasibuan P A Z, et al. Evaluation of cytotoxic activity alkaloid fractions of *Zanthoxylum acanthopodium* DC. Fruits [J]. Open access macedonian journal of medical sciences, 2019, 7 (22): 3745－3747.

[27] Tiwary M, Naik S N, Tewary D K, et al. Chemical composition and larvicidal activities of the essential oil of *Zanthoxylum armatum* DC (Rutaceae) against three mosquito vectors [J]. Journal of vector borne diseases, 2007, 44 (3): 198－204.

[28] Tsunozaki M, Lennertz R C, Vilceanu D, et al. A 'toothache tree' alkylamide in hibits A δ mechanonociceptors to alleviate mechanical pain [J]. The journal of physiology, 2013, 591 (13): 3325－3340.

[29] YORO T, YIN Y, FRANCK R, et al. LC－MS/MS analysis of flavonoid compounds from *Zanthoxylum zanthoxyloides* extracts and their antioxidant activities [J]. Natural product communications, 2017, 12 (12): 1865－1868.

[30] ZHANG W J, GUO S S, YOU C X, et al. Chemical composition of essential oils from *Zanthoxylum bungeanum* Maxim and their bioactivities against *Lasioderma serricorne* [J]. Journal of oleo science, 2016, 65 (10): 871－879.

[31] ZHANG Z, SHEN P, LIU J, et al. In vivo study of the efficacy of the essential oil of *Zanthoxylum bungeanum* pericarp in dextran sulfate sodium － induced murine experimental colitis [J]. Journal of agricultural and food chemistry, 2017, 65 (16): 3311－3319.

第14章 两种花椒精油成分及其抑菌活性研究

14.1 引言

近几年，食品添加剂的安全问题层出不穷，很多研究者们将目光转移到安全、环保的天然抑菌剂上，尤其是对花椒精油的抗氧化、抑菌、杀虫、抗肿瘤、挥发性特征风味物质的研究，但基于同时使用电子鼻和气质联用分析花椒精油风味及对不同种类花椒精油的抗菌活性和复配使用少有研究。

电子鼻是通过模拟人类的嗅觉来实现对检测对象气味的总体评价，相较于其他智能感官仪器及人体感官，其优点在于响应时间短、可在线检测分析、检测速度快、重复性好并且能有效避免人为误差；气相色谱－质谱联用是通过对混合物的分离、定性和定量检测，实现对气味物质进行差异性分析，广泛应用于肉制品、调味品等领域。电子鼻结合气质联用分析食品挥发性风味物质是现代食品风味分析的主要手段之一。

本章通过电子鼻整体性辨别青花椒精油和红花椒精油的香味差异，利用对两种花椒精油中的挥发性化合物进行测定，并作出分析和比较；再通过比较两种抑菌方法对不同花椒精油抑菌效果的影响和采用相同实验方法比较分析不同花椒精油对 3 种供试菌的抑菌作用，为花椒精油在食品行业的加工安全、保鲜复配应用提供了理论指导。

14.2 试验材料和仪器

14.2.1 试验材料

青花椒精油和红花椒精油，均采购于昆山晟安生物科技有限公司，源于四川金阳的优质花椒，采用超临界 CO_2 萃取法，无任何添加剂、防腐剂；供试菌种及培养基，金黄色葡萄球菌（S. aurenus）、枯草芽孢杆菌（Bacillussubtilis）、大肠杆菌（Escherichiacoli），收藏于四川旅游学院烹饪科学四川省高等学校重点实验室；细菌液体培养基，牛肉膏 3 g、蛋白胨 10 g、氯化钠 5 g、蒸馏水 1000 mL、pH7.2~7.4；细菌固体培养基，营养琼脂33 g、蒸馏水 1000 mL、pH7.2~7.4。

14.2.2　试验仪器

FOX4000 电子鼻－气味分析仪（法国 AlphaMOS 公司），Clarus680＋SQ8 气相色谱－质谱联用仪（美国 PerkinElmer 公司），75 μmCAR/PDMS 固相微萃取头（美国 Supelco 公司），LDZX－50FB 型立式压力蒸汽灭菌器（上海博迅医疗器械厂），AUW220 电子分析天平（日本岛津公司），DL－1 可调节式电炉，PYX－DHS－600－BS 隔水式电热恒温培养箱，金净双人超净工作台，其他为实验常用仪器设备。

14.3　试验方法

14.3.1　电子鼻分析方法

电子鼻是由 18 根金属氧化传感器组成，可用于检测花椒风味，每一类或几类敏感性物质可被同一根金属氧化传感器检测到。样品前处理：分别准确称量 2.00 g 样品 A 和 B，每种共 6 个样，共计 12 个样。将样品装于顶空瓶（10 mL）内，然后密封、编号。参数的设置（手动进样）：300 s 的加热时间（采集时间为 120 s，延迟时间为 180 s），70℃的顶空温度，2000 μL 的进样量，150 mL/s 的载气流量，2000 μL/s 的进样速度。结果分析：每个样品平行检测 6 次，取最后 3 次传感器在第 120 s 时获得的稳定信号进行分析。

14.3.2　GC－MS分析方法

固相微萃取条件：取制好的样品，准确称量 2.00 g 置于 15 mL 样品瓶中；平衡时间 10 min，平衡温度 100℃；在 250℃，10 min 条件下将萃取头（已老化）插入样品瓶中，萃取 50 min，随后进样，解吸 10 min。

色谱条件：美国 PEElite－5MS 气相色谱柱（30 m×0.25 mm×0.25 μm）。载气（高纯 He），流速 1.0 mL/min，不分流进样。升温程序：40℃的初始温度，保持 2 min，再升温至 125℃保持 2 min，速度为 5℃/min，最后升温至 250℃保持 4 min，速度为 25℃/min。

质谱条件：采用全扫描，扫描范围 35～500 m/z；离子源（EI），250℃的温度，70 eV 的电子轰击能量。利用 NIST 谱库和人工解谱对化合物进行检索和确定，再采用峰面积归一化法计算化合物的相对含量。

14.3.3　抑菌活性分析方法

（1）菌悬液及含菌平板制备

菌悬液：活化供试菌种，挑取菌苔。含菌平板：将菌悬液与培养基以体积比 1∶10 充分混合。

（2）抑菌圈的测定（滤纸片法和打孔法）

两个样品分别设置 3 组平行。滤纸片法：将直径为 6 mm，15 mm 的滤纸圆片用 10 μL 的花椒精油完全浸透，放置于含菌平板上后，用无菌镊子轻轻按压。在温度 37℃ 的恒温箱中培养 24 h 后，测得数据，最后取平均值。打孔法：在含菌平板上均匀打上直径为 10 mm，20 mm 的小孔，每孔均用移液枪添加 10 μL 的花椒精油，37℃培养 24 h 后，测得数据，最后取平均值。

（3）MIC 及 MBC 的测定（二倍稀释法）

以 50％甲醇做对照实验，每个样品重复 3 次实验。用 50％甲醇作为溶剂，制得 20 mg/mL、10 mg/mL、5 mg/mL、2.5 mg/mL、1.25 mg/mL、0.63 mg/mL、0.31 mg/mL、0.16 mg/mL 浓度的肉汤液体，再向每个肉汤液体中添加 50 μL 的菌悬液，在温度 37℃ 的恒温箱中培养 24 h，最后通过肉汤液体的浑浊度判断花椒精油的 MIC 值（不浑浊的肉汤对应的最小浓度即为 MIC 值）。用平板划线法将测得的 MIC 值下的肉汤接种至琼脂平板上，37℃培养 24 h 后，无菌生长的精油溶液浓度则为 MBC 值。

14.3.4　数据处理

数据处理及作图均采用 Origin 2019、Excel 2010 软件。

14.4　结果与分析

14.4.1　花椒精油风味电子鼻分析

采用电子鼻对编号为 A、B 两种花椒精油样品（A 为红花椒精油，B 为青花椒精油）进行检测。两种花椒精油电子鼻传感器响应平均值制作的雷达图见图 14-1。由图 14-1 可知，所有传感器对两个样品均有响应且有差异，但风味指纹图谱相似，即总体香味类似。比较发现，LY2 型传感器的响应值较低，大部分低于 0，说明 A、B 两样品中不含有毒有害气体或含量极低；两样品在 P30/1 及 P10/1 上的响应值差异较小但响应值较高，说明 A、B 两样品香味物质种类和相对含量接近且烃类物质含量可能较高；PA/2 对 A 的相应值高于 B，说明 A 中醇类及有机胺类物质总含量可能高于 B。

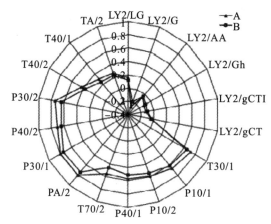

图 14-1　两种花椒精油电子鼻传感器响应值雷达图

14.4.2　花椒精油风味 GC-MS 分析

（1）挥发性成分总离子流图分析

采用 HS-SPME 收集，通过气质联用仪对两种花椒精油挥发性风味物质进行测定，两种花椒精油挥发性风味物质总离子流图如图 14-2 所示。通过在质谱检索标准库 NIST14 中进行匹配解析，达 85% 以上匹配度的红花椒有 74 个成分，占总组分的 99.564%；青花椒有 65 个成分，占总组分的 98.994%。为进一步分析各成分的相对质量分数，按峰面积归一化法计算结果，见表 14-1。

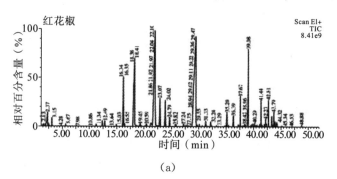

（a）

图 14-2　样品挥发性成分总离子流

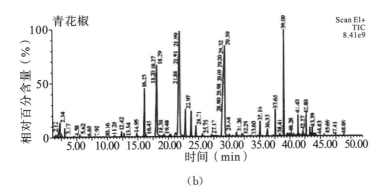

(b)

图 14-2（续）

（2）挥发性物质 GC-MS 检测结果分析

两种花椒精油挥发性物质 GC-MS 检测结果见表 14-1。

表 14-1　两种花椒精油挥发性物质 GC-MS 检测结果

类别	序号	Compound Name	化合物名称	化学式	相对含量(%)	
					A	B
萜烯	1	β-pinene	β-蒎烯	$C_{10}H_{16}$	15.125	14.908
	2	Sylvestrene	枞油烯	$C_{10}H_{16}$	26.249	28.945
	3	(Z)-β-Ocimene	罗勒烯	$C_{10}H_{16}$	2.986	5.929
	4	Terpinolene	异松油烯	$C_{10}H_{16}$	0.303	0.374
	5	β-Thujene	β-侧柏烯	$C_{10}H_{16}$	0.509	—
	6	2-norpinene, 3,6,6-trimethyl-	3,6,6-三甲基-2-偏斜烯	$C_{10}H_{16}$	0.552	—
	7	β-Phellandrene	β-水芹烯	$C_{10}H_{16}$	5.762	—
	8	2-Methyl-6-methylene-1,7-octadiene	2-甲基-6-亚甲基-1,7-辛二烯	$C_{10}H_{16}$	0.034	—
	9	Pseudolimonene	伪柠檬烯	$C_{10}H_{16}$	0.042	—
	10	Phellandrene	水芹烯	$C_{10}H_{16}$	0.504	—
	11	α-Terpinene	α-松油烯	$C_{10}H_{16}$	0.373	—
	12	1-Methyl-3-isopropenyl-4-cyclohexene	1-甲基-3-异丙烯环己烷	$C_{10}H_{16}$	0.026	—
	13	γ-Terpinene	γ-松油烯	$C_{10}H_{16}$	1.439	—
	14	Bicyclo[3.1.0]hexane, 6-isopropylidene-1-methyl-	1-甲基-6-异丙烯-二环[3.1.0]乙烷	$C_{10}H_{16}$	0.125	—
	15	1,3-Cyclohexadiene, 2-methyl-5-(1-methylethyl)-	2-甲基-5-(1-甲基乙基)-1,3-环己二烯	$C_{10}H_{16}$	—	0.533

续表

类别	序号	Compound Name	化合物名称	化学式	相对含量(%) A	相对含量(%) B
萜烯	16	3-Carene	3-蒈烯	$C_{10}H_{16}$	—	0.391
	17	α-Terpinene	萜品烯	$C_{10}H_{16}$	—	7.474
	18	2-Methyl-6-methylene-1,7-octadiene	2-甲基-6-甲基-1,7-八丁烯	$C_{10}H_{16}$	—	0.029
	19	3-Cyclohexadiene, 2-methyl-5-(1-methylethyl)-1	2-甲基-5-(1-甲基乙基)-1,3-环己二烯	$C_{10}H_{16}$	—	0.389
	20	(1R,5S)-6-Isopropylidene-1-methylbicyclo[3.1.0]hexane	(1r,5s)-1-甲基-6-(1-甲基胸腺)-双环[3.1.0]六烯	$C_{10}H_{16}$	—	0.091
烃类	1	o-Cymene	邻异丙基甲苯	$C_{10}H_{14}$	0.708	1.013
	2	Benzene	苯	C_6H_6	0.036	0.067
	3	4-Methyl-1,4-heptadiene	4-甲基-1,4-庚二烯	C_8H_{14}	0.013	0.014
	4	2,6-Dimethyl-1,3,5,7-octatetracene	2,6-二甲基-1,3,5,7-辛四烯	$C_{10}H_{14}$	0.125	0.116
	5	1,3,8-p-Menthatriene	1,3,8-薄荷三烯	$C_{10}H_{14}$	0.018	0.018
	6	Cyclohexane, 2-ethenyl-1,1-dimethyl-3-methylene-	3-亚甲基-1,1-二甲基-2-乙烯基环己烷	$C_{11}H_{18}$	0.093	0.125
	7	4-Isopropenyltoluene	4-异丙烯基甲苯	$C_{10}H_{12}$	0.203	0.134
	8	(Z,Z)-2,4-Hexadiene	(Z,Z)-2,4-己二烯	C_6H_{10}	0.017	—
	9	2,3,3-Trimethyl-1-hexene	2,3,3-三甲基-1-己烯	C_9H_{18}	0.021	—
	10	1,3,5-Cycloheptatriene	环庚三烯	C_7H_8	0.013	
	11	Cyclopentane, 1,2,3-trimethyl-	1,2,3-三甲基-环戊烷	C_8H_{16}	0.004	
	12	Cyclopropylidenecydoproane	环亚丙基环丙烷	C_6H_{12}	0.011	
	13	3-Methyl-4-methylenebicyclo[3.2.1]oct-2-ene	3-甲基-4-亚甲基双环[3.2.1]辛-2-烯	$C_{10}H_{14}$	0.023	
	14	2,6-Octadiene, 2,6-dimethyl-, (6Z)-	(6Z)-2,6-二甲基-2,6-辛二烯	$C_{10}H_{18}$	0.026	
	15	3-Eethyl-1,4-hexadiene	3-乙基-1,4-己二烯	C_8H_{14}	0.121	
	16	Cyclopropane, pentyl-	戊基-环丙烷	C_8H_{16}	0.048	—
	17	1-Undecene, 8-methyl-	8-甲基十一烯	$C_{12}H_{24}$	0.064	
	18	Toluene	甲苯	C_7H_8	—	0.051
	19	2-Methyl-1,3-pentadiene	反式-2-甲基戊二烯	C_6H_{10}	—	0.020
	20	3-methyl-4-methylene-Bicyclo[3.2.1]oct-2-ene	3-甲基-4-亚甲基-双环[3.2.1]辛-2-烯	$C_{10}H_{14}$	—	0.007

续表

类别	序号	Compound Name	化合物名称	化学式	相对含量（%）	
					A	B
烃类	21	1,3-Cyclohexadiene,1-methyl-4-(1-methylethenyl)-	1-甲基-4-(1-甲基丙基)-1,3-环己二烯	$C_{10}H_{14}$	—	0.015
醛类	1	Acetaldehyde	乙醛	C_2H_4O	0.03	0.027
	2	2-Butenal	2-丁烯醛	C_4H_6O	0.119	0.188
	3	3-Methyl-2-butenal	3-甲基-2-丁烯醛	C_5H_8O	0.034	0.027
	4	Hexanal	正己醛	$C_6H_{12}O$	0.131	0.198
	5	2-Hexenal	2-己烯醛	$C_6H_{10}O$	0.017	0.011
	6	Heptanal	庚醛	$C_7H_{14}O$	0.031	0.036
	7	(E,E)-2,4-Hexadienal	(E,E)-2,4-己二烯醛	C_6H_8O	0.344	0.32
	8	3-Furaldehyde	3-糠醛	$C_5H_4O_2$	0.005	—
	9	(Z)-2-Heptenal	(Z)-2-庚烯醛	$C_7H_{12}O$	0.303	—
	10	3,4-Pentadienal	3,4-戊二烯醛	C_5H_6O	0.004	—
	11	Pentanal	戊醛	$C_5H_{10}O$	0.445	—
	12	Methacrolein	2-甲基丙烯醛	C_4H_6O	—	0.088
	13	Pentanal	正戊醛	$C_5H_{10}O$	—	0.568
	14	2-(E)-Pentenal	反式-2-戊烯醛	C_5H_8O	—	0.022
	15	(Z)-4-Heptenal	(Z)-4-庚烯醛	$C_7H_{12}O$	—	0.019
醇类	1	Ethanol	乙醇	C_2H_6O	0.022	0.016
	2	1-Pentanol	1-戊醇	$C_5H_{12}O$	0.034	0.049
	3	Phenethyl alcohol	苯乙醇	$C_8H_{10}O$	0.101	0.066
	4	1,4-Pentadien-3-ol	1,4-戊二烯-3-醇	C_5H_8O	0.006	—
	5	Bicyclo[2.1.1]hexan-2-ol, 2-ethenyl-	双环[2.1]己烷-2-醇,2-乙烯基	$C_8H_{12}O$	0.009	—
	6	cis-3,7-Dimethyl-2,6-octadien-1-ol	反-3,7-二甲基-2,6-辛二烯-1-醇	$C_{10}H_{18}O$	0.004	—
	7	4-Caranol	4-甲酰胺醇	$C_{10}H_{18}O$	0.023	—
	8	(S)-(-)-Perillyl alcohol	L-紫苏醇	$C_{10}H_{16}O$	3.328	—
	9	2,4-Undecadien-1-ol	2,4-十一烷二烯-1-醇	$C_{11}H_{20}O$	0.003	—
	10	Linalool	芳樟醇	$C_{10}H_{18}O$	35.987	—
	11	trans-3-Caren-2-ol	反式-3-甲烷-2-醇	$C_{10}H_{16}O$	0.009	—

类别	序号	Compound Name	化合物名称	化学式	相对含量(%) A	相对含量(%) B
醇类	12	1-Penten-3-ol	1-戊烯-3-醇	$C_5H_{10}O$	—	0.004
	13	Cyclobut-1-enylmethanol	环丁-1-烯基甲醇	C_5H_8O	—	0.008
	14	2-Ethenyl-bicyclo[2.1.1]hexan-2-ol	2-乙烯基-双环[2.1.1]己烷-2-醇	$C_8H_{12}O$	—	0.012
	15	3-Methyl-1-butanol	3-甲基-1-丁醇	$C_5H_{12}O$	—	0.006
	16	2,4-Decadien-1-ol	2,4-癸二烯-1-醇	$C_{10}H_{18}O$	—	0.039
	17	(2Z)-2-Octene-1-ol	(2Z)-2-辛烯-1-醇	$C_8H_{16}O$	—	0.022
	18	5-ethenyltetrahydro-. alpha. , . alpha. -5-trimethyl-, cis-2-Furanmethanol	顺-α,α-5-三甲基-5-乙烯基四氢化呋喃-2-甲醇	$C_{10}H_{18}O_2$	—	0.005
	19	1-Undecanol	1-十一醇	$C_{11}H_{24}O$	—	0.071
	20	Hotrienol	脱氢芳樟醇	$C_{10}H_{16}O$	—	0.174
酮类	1	2-Heptanone	2-庚酮	$C_7H_{14}O$	0.007	0.013
	2	γ-chlorobutyrophenone	4-氯苯丁酮	$C_{10}H_{11}ClO$	0.010	0.011
	3	Acetoin	3-羟基-2-丁酮	C_4H_8O2	0.013	—
	4	6-Methyl-bicyclo[4.2.0]octan-7-one	6-甲基-二环[4.2.0]辛烷-7-酮	$C_9H_{14}O$	0.009	—
	5	Thujone	侧柏酮	$C_{10}H_{16}O$	0.261	—
	6	Cyclohexanone, 3,4-dimethyl-	3,4-二甲基环己酮	$C_8H_{14}O$	—	0.023
	7	Bicyclo[3.1.0]hexan-3-one4-methyl-1-(1-methylethyl)-, [1S-(1. alpha. ,4. alpha. , 5. alpha.)-]	[1S-(1α,4α,5α)]-4-甲基-1-(1-甲基乙基)二环[3.1.0]己烷-3-酮	$C_{10}H_{16}O$	—	0.208
酸类	1	Acetic acid	乙酸	$C_2H_4O_2$	2.420	2.447
	2	Pentanoic acid	正戊酸	$C_5H_{10}O_2$	0.006	—
	3	4-Methyl-pentanoic acid	4-甲基戊酸	$C_6H_{12}O_2$	—	0.014
	4	4-methyl-3-pentenoate	4-甲基-3-戊烯酸	$C_7H_{12}O$	—	0.027
酯类	1	Isobutyl acetate	乙酸异丁酯	$C_6H_{12}O_2$	0.008	0.021
	2	Linalyl forMate	甲酸芳樟酯	$C_{11}H_{18}O_2$	0.005	—
	3	cis-Cyclopentanol, 2-methyl-, acetate	顺式-2-甲基环戊醇乙酸酯	$C_8H_{14}O_2$	0.014	—
	4	Banana oil	乙酸异戊酯	$C_7H_{14}O_2$	0.006	—
	5	3-Pentenoic acid, 4-methyl-, methyl ester	3-戊烯酸,4-甲基甲酯	$C_7H_{12}O_2$	0.023	—

类别	序号	Compound Name	化合物名称	化学式	相对含量(%) A	相对含量(%) B
酯类	6	Butyric acid (Z)-2-hexenyl ester	丁酸(Z)-2-已烯-1-酯	$C_{10}H_{18}O_2$	—	0.004
	7	Dimethyl oxalate	草酸二甲酯	$C_4H_6O_4$	—	0.017
	8	5,9-Undecadien-2-ol, 6,10-dimethyl-	6,10-二甲基-5,9-十一烷二烯-2-醇乙酸酯	$C_{15}H_{26}O_2$	—	0.015
	9	4-Terpinenyl acetate	4-乙酸松油酯	$C_{12}H_{20}O_2$	—	0.033
	10	Formic acid, octyl ester	甲酸辛酯	$C_9H_{18}O_2$	—	0.036
	11	Acetic acid, heptyl ester	乙酸庚酯	$C_9H_{18}O_2$	—	0.036
杂环化合物	1	3-Methylfuran	3-甲基呋喃	C_5H_6O	0.003	0.005
	2	Methylpyrazine	甲基吡嗪	$C_5H_6N_2$	0.005	0.025
	3	Hexamethyl-cyclotrisiloxane	六甲基环三硅氧烷	$C_6H_{18}O_3Si_3$	0.004	0.006
	4	1,4-Dihydro-4-imino-1-methylaminopyridine	1,4-二氢-4-亚氨基-1-甲氨基吡啶	$C_6H_9N_3$	0.004	
	5	Pterine-6-carboxylic Acid	蝶呤-6-羧酸	$C_7H_5N_5O_3$	0.009	
	6	3,6-dipropyl-1,2,4,5-tetrazine	3,6-二丙基-1,2,4,5-四嗪	$C_8H_{14}N_4$	0.106	
	7	7-epi-cis-sesquisabinene hydrate	7-表-顺-倍半莰水合物	$C_{15}H_{26}O$	0.006	
	8	(S)-Propylene oxide	S-环氧丙烷	C_3H_6O		0.120
	9	3,3-Diethyl-2,4-azetidinedione	3,3-二乙基-2,4-偶氮二酮	$C_7H_{11}NO_2$		0.005
其他类	1	Ammonium Carbamate	氨基甲酸铵	$CH_6N_2O_2$	0.080	—
	2	2-(Ethylenedioxy)ethylamine, N-methyl-N-[4-(1-pyrrolidinyl)-2-butynyl]	2-(乙烯二氧)乙胺, N-甲基-N-[4-(1-吡咯烷基吡咯烷)-2-丁醇]	$C_{14}H_{24}N_2O_2$	0.003	—
	3	Linalyl anthranilate	2-氨基苯甲酸-3,7-二甲基-1,6-辛二烯-3-醇酯	$C_{17}H_{23}NO_2$	—	33.226
	4	1-bromo-3,7-dimethylocta-2,6-diene	1-溴-3,7-二甲基-2,6-二烯	$C_{10}H_{17}Br$	—	0.033

由表 14-1 可知，A、B 样品中相同的有 28 种，其中 β-蒎烯、枞油烯、罗勒烯、乙酸、邻异丙基甲苯等为共有物质。芳樟醇和 2-氨基苯甲酸-3,7-二甲基-1,6-辛二烯-3-醇酯分别是 A、B 样品的主要特征性风味物质（A 为 35.987%，B 为 33.226）。枞油烯（26.249%）、β-蒎烯（15.125%）、β-水芹烯（5.762%）是 A 的次要特征性风味物质，枞油烯（28.945%）、β-蒎烯（14.908%）、萜品烯（7.474%）是 B 的次要特征性风味物质。β-水芹烯

（5.762％）、γ-松油烯（1.439％）、L-紫苏醇（3.328％）、芳樟醇（35.987％）是 A 中特有的成分物质，2-氨基苯甲酸-3,7-二甲基-1,6-辛二烯-3-醇酯（33.226％）、萜品烯（7.474％）是 B 中特有的成分物质。

另外，由表 14-1 可知，B 中的枞油烯和罗勒烯的含量略高于 A。据悉，罗勒烯有草香、花香并伴有橙花油气息，常用于多种日化香精配方中，并且罗勒烯具有良好的抑菌作用，这也可能是使用 B 作为抑菌剂效果略好于 A 的原因。其中 β-蒎烯和枞油烯是两种精油共有含量较高的物质。β-蒎烯具有抗炎、抑菌、抗氧化的作用，枞油烯具有抗坏血、抗菌、化痰、利肺、镇静的作用，因此推测花椒精油在食品保鲜的开发利用中有巨大的潜力。

（3）挥发性成分种类及含量差异分析

为了更好地比较两种花椒精油挥发性成分的差异，依据化学结构分类统计出两种花椒精油挥发性成分数目和相对百分含量，见表 14-2。萜烯类和醇类物质是 A 样品的主要挥发性成分，萜烯类和烃类是 A 样品种类较多的成分；B 样品中挥发性物质主要有萜烯类，其次还有其他类（主要是 2-氨基苯甲酸-3,7-二甲基-1,6-辛二烯-3-醇酯），醇类、烃类和醛类是 B 样品种类较多的成分。

表 14-2　两种样品挥发性成分种类与含量

化合物	A		B	
	种类	相对含量（％）	种类	相对含量（％）
萜烯类	14	54.029	10	59.063
烃类	17	1.544	11	1.580
醛类	11	1.463	11	1.504
醇类	11	39.526	12	0.472
酮类	5	0.300	4	0.255
酸类	2	2.426	3	2.488
酯类	5	0.056	7	0.162
杂环类化合物	7	0.137	5	0.161
其他类	2	0.083	2	33.259
共计	74	99.564	65	98.944

（4）花椒精油对各供试菌株的抑制活性分析

抑菌圈实验结果见表 14-3。

表 14－3　不同实验方法的花椒精油抑菌圈实验结果

菌株	抑菌全直径（mm）			
	滤纸片法		打孔法	
	红花椒精油	青花椒精油	红花椒精油	青花椒精油
大肠杆菌	2.1	2.3	4.9	5.2
枯草芽孢杆菌	4.8	5.6	8.5	9.4
金黄色葡萄球菌	13.7	13.2	18.8	17.7

由表 14－3 可知，打孔法测得的抑菌效果均强于滤纸片法，在两种方法下，对金黄色葡萄球菌的抑制作用均为红花椒精油强于青花椒精油，对大肠杆菌和枯草芽孢杆菌的抑制作用均为红花椒精油弱于青花椒精油，其中，两样品均对金黄色葡萄球菌的抑制作用最显著，对大肠杆菌的抑制作用最弱。

花椒精油具有较强挥发性，采用滤纸片法会使花椒精油更易挥发且不易渗透至培养基，而采用打孔法会使花椒精油充分注入小孔，较易渗透进入培养基作用于供试菌种。因此，在实验条件相同时，采用打孔法更能准确、明显地体现花椒精油的抑菌作用。

MIC 值及 MBC 值的测定结果见表 14－4。

表 14－4　二倍稀释法花椒精油抑菌实验结果

菌株	抑菌浓度（mg/mL）			
	MIC		MBC	
	红花椒精油	青花椒精油	红花椒精油	青花椒精油
大肠杆菌	5	2.5	10	10
枯草芽孢杆菌	2.5	2.5	10	5
金黄色葡萄球菌	1.25	1.25	2.5	2.5

由表 14－4 可知，对大肠杆菌的抑制作用（对比 MIC 值），红花椒精油弱于青花椒精油；对枯草芽孢杆菌的抑制作用（对比 MBC 值），红花椒精油弱于青花椒精油。两样品均对金黄色葡萄球菌的 MIC 值及 MBC 值最小，表明在较低浓度下对供试菌有良好的抑制作用，具有较强的抑菌活性。

14.5　本章小结

研究表明，通过电子鼻、固相微萃取－气质联用分析，青花椒精油与红花椒精油在香味上不存在明显差异，香气基本一致，挥发性化合物在数量和含量上均以萜烯类为主。两种花椒精油挥发性物质存在不同物质上的差异，大部分相同成分含量差异较小，所以推测在某些方面红花椒精油和青花椒精油可以替代使用或者可以通过复配使其抑菌作用达到较优效果。打孔法和滤纸片法对两种不同花椒精油的抑菌效果差异明显，且采用打孔法更准确。在相同实验条件下，两样品均对金黄色葡萄球菌的抑制作用最好，对大肠杆菌的抑制作用最弱。

参考文献

[1] 白雪，杨爽，孟鑫. 电子鼻结合顶空固相微萃取－气质联用法分析微生物脂肪酶对猪肉风味的影响 [J]. 食品工业科技，2017，38（22）：246－252.

[2] 陈美霞，胡静，王旭歌，等. 复配香辛料精油对常温猪肉的保鲜效果 [J]. 上海应用技术学院学报，2014，14（14）：292－294.

[3] 邓永飞，何惠欢，马瑞佳，等. 植物精油在食品行业中的应用 [J]. 中国调味品，2022，45（6）：181－184，200.

[4] 黄业传，李凤，黄甜，等. 利用电子鼻和气质联用研究腊肉挥发性风味物质的形成规律 [J]. 食品工业科技，2014，35（6）：73－77，80.

[5] 何莲，易宇文，彭毅秦，等. 基于电子鼻和气质联用分析不同生长期茂县花椒叶挥发性风味物质 [J]. 南方农业学报，2019，50（3）：641－648.

[6] 罗飞亚，杨慧超，刘梦婷，等. 五种植物精油抗菌及抗氧化活性研究 [J]. 饲料工业，2020，41（2）：34－39.

[7] 娄京荣，郑重飞，李莹，等. 花椒属植物抗感染作用研究进展 [J]. 中草药，2018，49（22）：5477－5484.

[8] 卢贤锐. α－蒎烯和β－蒎烯氧气氧化特性及其产物研究 [D]. 南宁：广西大学，2019.

[9] 麻琳，何强，赵志峰，等. 三种花椒精油的化学成分及其抑菌作用对比研究 [J]. 中国调味品，2016，41（8）：11－16.

[10] 梅林琳，李洪军，周芳，等. 香辛料精油抑菌作用及其在肉制品中的应用 [J]. 肉类研究，2008，（4）：3－6.

[11] 潘玉成，宋莉莉，叶乃兴，等. 电子鼻技术及其在茶叶中的应用研究 [J]. 食品与机械，2016，32（9）：213－218，224.

[12] 庞雪威，王积武，吴志莲，等. 植物性食品原料中单萜类化合物形成机理及生物活性综述 [J]. 中国酿造，2016，35（6）：24－29.

[13] 邵红军. 花椒挥发油对食品保鲜潜力巨大 [N]. 中国食品安全报，2013－10－01.

[14] 石雪萍，张卫明. 红花椒和青花椒的挥发性化学成分比较研究 [J]. 中国调味品，2010，35（2）：102－105，112.

[15] 孙卫青. 几种天然香辛料抑菌性能的研究 [J]. 湖北农学院学报，2004，24（3）：207－209.

[16] 吴静. 花椒精油的提取工艺、化学成分分析与抗菌活性研究 [D]. 合肥：合肥工业大学，2017.

[17] 王俊，崔绍庆，陈新伟，等. 电子鼻传感技术与应用研究进展 [J]. 农业机械学报，2013，44（11）：160－167，179.

[18] 王琳，徐金瑞. 天然食品防腐保鲜剂的发展现状及前景 [J]. 塔里木大学学报，2007，19（1）：73－78.

[19] 王秋亚，景晓卉. 花椒精油化学成分、提取方法及抑菌活性研究进展 [J]. 中国调味品，2018，43（12）：187－190，195.

[20] 吴晓丽，张相生，蒋爱民，等. 酱卤肉制品保鲜技术研究进展 [J]. 肉类工业，2014，(7)：46.

[21] 邢盼盼，邓开野. 香辛料精油的研究进展及在食品工业中的应用 [J]. 中国调味品，2011，35（10）：1－3.

[22] 杨静. 青花椒香气特征与活性香气研究 [D]. 成都：西南交通大学，2015.

[23] 周孟焦，史芳芳，陈凯，等. 花椒药用价值研究进展 [J]. 农产品加工，2020，(1)：65－67，72.

[24] 祝瑞雪，曾维才，赵志峰，等. 汉源花椒精油的化学成分分析及其抑菌作用 [J]. 食品科学，2011，32（17）：85－88.

[25] Wang B. Physicochemical properties and antibacterial activity of corn starch－based films incorporated with anthoxylum bungeanum essential oil [J]. Carbohydrate polymers，2021，254：117314－117314.

第 15 章　主要结论和建议

15.1　主要结论

本节研究了不同产区的花椒、不同生长期的花椒叶、不同烹饪方式的花椒的风味物质的差异影响，结果表明，不同产区花椒的共有组分含量差异较大，非共有组分相对含量在 $10\%\sim32\%$ 之间，是不同产区花椒气味差异的主要来源。成熟期的花椒叶的香味与在芽期、生长期时的香味上有较大差异，其中从生长期到成熟期的过程中花椒叶香气变化最明显，芽期到生长期期间香气变化较小。水煮与汽蒸两种烹调方式对花椒的香味影响不大，能较好地保留花椒原有的香气，油炸花椒的香味与花椒原样差异较大，可能是油炸温度太高，不耐高温化合物易分解，以及花椒的挥发性成分大多为脂溶性化合物，在油炸过程中更易被萃取和发生反应而消耗掉。

通过色差仪、电子鼻、超高效液相色谱－线性离子阱－质谱等仪器，研究了茂县花椒及花椒叶的主要化学成分和花椒的抑菌活性以及花椒叶的抗氧化活性。结果表明花椒及其花椒叶含有诸多挥发油，还含有丰富的营养成分，如鲜味和甜味氨基酸等，且花椒麻味显著，主要挥发性成分可能含有胺类化合物、碳氧化合物、碳氢化合物等诸多物质。花椒中烯类物质含量较多，其次是醇类和酯类物质，醛类和酮类含量较少，且花椒对阳性菌具有明显的抑制作用，对阴性菌的抑菌活性不明显；花椒叶挥发性风味成分主要为酯类、醛类、烯类、醇类等，非挥发性化合物主要为酰胺及生物碱类、香豆素及酮类和有机酸及脂类，具有一定的抗氧化活性。

利用电子鼻、电子舌、GC－IMS、GC－MS、定量描述分析法及聚类分析法，结合感官评价和香气活性值，检测分析花椒及花椒油的风味物质，证明了人体感官麻味强度值与花椒酰胺含量之间具有一致性；红花椒贡献给椒麻糊的挥发性物质以烯烃类、醇类为主；得出 60 目花椒粉制备花椒油的关键风味物质对花椒油的风味贡献突出，表现出最佳的香气感官品质。

通过单因素试验、正交试验以及感官评价，最终确定花椒芽炒鸡蛋的最佳质量比为 1：2；花椒叶椒盐曲奇饼干的最优配方为低筋面粉 100%，黄油 70%，食盐 2.7%，花椒叶粉 1.5%，糖粉 20%，水 15%；工艺参数为搅拌时间 8 min，烘烤时间 13 mim，上火温度 180℃、下火温度 150℃。花椒酒泡制最优组合为白酒浓度 42% vol，泡制比例 1：250，泡制时间 25 d。利用 SPME-GC-MS、热量成分检测等方法对其挥发性风味物质分析表明，花椒芽炒鸡蛋的挥发性风味物质主要来源于花椒芽的贡献，两者的风味物质组成极为相似，主要香气物质相同，均是乙酸芳樟酯、d-柠檬烯、芳樟醇和月桂烯；花椒酒中挥发性风味物质主要为酯类和烯烃类，其中乙酸乙酯和己酸乙酯含量较高且具有一定风味，为花椒酒风味的主要贡献物质，且花椒酒中保留了部分花椒的风味物质。

研究了青花椒精油与红花椒精油在香味上的差异，利用电子鼻、顶空固相微萃取-气质联用分析等试验方法进行检测分析，结果表明青花椒精油与红花椒精油在香味上不存在明显差异，香气基本一致，挥发性化合物在数量和含量上均以萜烯类为主，两种花椒精油挥发性物质存在不同物质上的差异，大部分相同成分含量差异较小，推测在某些方面红花椒精油和青花椒精油可以替代使用或者可以通过复配使其抑菌作用达到较优效果，且两样品均对金黄色葡萄球菌的抑制作用最好，对大肠杆菌的抑制作用最弱。

通过花椒果皮和叶子中酰胺物质的比对得知，花椒叶中含有与果皮类似的麻味物质成分，花椒叶的挥发油成分因花椒的种类、采摘时间、种植环境等因素的影响而有所差异。花椒叶在不同时期的生长过程中以及不同花椒种类中，还原糖、蛋白质含量随着花椒叶生长而降低，开花期和落果期的花椒叶前后脂肪含量除野生花椒叶外，其余都有所增加。

15.2　主要建议

以本书研究结果为参考，在花椒的产品开发以及相关产品应用方面继续进行创新，结合相关试验仪器检测分析，完善花椒风味评价相关行业标准，丰富花椒资源开发利用途径。

花椒产业作为农业的重要组成部分，其果实在食品加工、餐饮烹调已经得到广泛应用，根据本书研究结果，可选取花椒副产物花椒叶作为对象，对其进行更加深入的研究，着力开发利用花椒叶这一丰富资源。